机械制造与加工技术研究

严智敏　陈枭　著

延吉·延边大学出版社

图书在版编目（CIP）数据

机械制造与加工技术研究 / 严智敏，陈枭著.

延吉 ： 延边大学出版社，2024. 9. -- ISBN 978-7-230 -07138-3

Ⅰ. TH16；TG506

中国国家版本馆 CIP 数据核字第 2024CP5786 号

机械制造与加工技术研究

著　　者：严智敏　陈 枭

责任编辑：董德森

封面设计：文合文化

出版发行：延边大学出版社

社　　址：吉林省延吉市公园路 977 号

邮　　编：133002

网　　址：http://www.ydcbs.com

E-mail：ydcbs@ydcbs.com

电　　话：0433-2732435

传　　真：0433-2732434

发行电话：0433-2733056

印　　刷：三河市嵩川印刷有限公司

开　　本：787 mm×1092 mm　1/16

印　　张：12.25

字　　数：190 千字

版　　次：2024 年 9 月　第 1 版

印　　次：2025 年 1 月　第 1 次印刷

ISBN 978-7-230-07138-3

定　　价：68.00 元

前　　言

　　机械制造与加工技术作为现代工业发展的基石，正以前所未有的速度推动着制造业的转型升级。随着科技的进步，尤其是数字化、智能化技术的深度融合，机械制造已从传统的单一加工模式迈向了高效、精密、智能的新阶段。从基础的机械制造相关概念出发，可以深入了解材料成型、工艺规划及质量控制等核心要素，进而探索现代制造技术的前沿领域，如增材制造、精密加工及智能制造等，这些技术不仅极大地提高了生产效率与产品质量，还促进了资源的高效利用与环境的可持续发展。

　　在加工方法上，无论是外圆、孔（内圆）、平面、曲面还是螺纹、渐开线齿面等典型表面的加工，都涌现出了一系列创新工艺与装备，如高精度数控机床、五轴联动加工中心等，它们为复杂零件的加工提供了可能。同时，金属切削加工技术的不断革新，如车削、钻削、铣削、磨削等方法的优化与智能化升级，进一步提升了加工精度与效率。

　　针对典型零件的加工工艺，如轴类、支架箱体类、圆柱齿轮、套筒及连杆等，现代机械制造技术通过精细化工艺设计、自动化生产线布局及智能化监控系统，实现了从原材料到成品的全链条优化，不仅提升了产品的市场竞争力，也为企业带来了显著的经济效益与社会效益。综上所述，机械制造与加工技术的研究与发展，正引领着制造业向更高水平迈进，为构建智能制造体系、推动工业发展的进程奠定了坚实基础。

目　　录

第一章 机械制造概论

第一节 机械制造的相关概念

一、制造过程、工艺过程与工艺系统

产品的生产过程主要可划分为四个阶段，即新产品开发、产品制造、产品销售和售后服务阶段。其中，产品制造过程是将设计零件图样或装配图样转化为实物零件、部件或整台产品的一系列活动的总称。

机械制造系统是完成制造过程的各种装置的总和，如图1-1所示，其整体目标就是使生产车间能最有效地全面完成所承担的机械加工任务。机械制造中，将毛坯、工件、刀具、夹具、量具和其他辅助物料作为"原材料"输入机械制造系统，经过存储、运输、加工、检测等环节，最后作为机械加工后的成品输出，形成"物质流"。由加工任务、加工顺序、加工方法、物质流等确定的计划、调度、管理等属于"信息"的范畴，形成"信息流"；制造过程必然消耗各种形式的能量，机械制造系统中能量的消耗及其流程则被称为"能量流"。

把制造过程中改变生产对象的形状、尺寸，以及相对位置和物理、力学性能等，使其成为成品或半成品的过程称为工艺过程。工艺过程可根据其具体工作内容分为铸造、锻造、冲压、焊接、机械加工、热处理、表面处理、装配等。

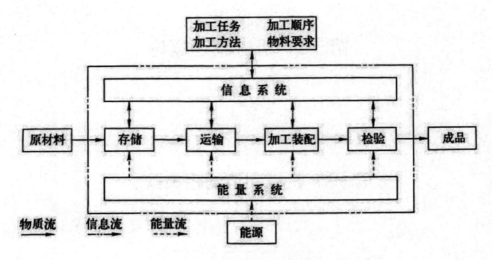

图 1-1 机械制造系统框图

机械加工中由机床、工件、刀具、夹具（机、工、刀、夹）组成的相互作用、相互依赖，并具有特定功能的有机整体，称为机械加工工艺系统，简称工艺系统。它完成零件制造加工或装配。工艺系统的整体目标是在特定的生产条件下，适应环境要求，在保证机械加工工件质量和生产率的前提下，采用合理的工艺过程，并尽可能降低工序的加工成本。

零件的机械加工工艺过程是利用切削加工的原理使工件成形而达到预定的设计要求（即尺寸精度，形状、位置精度和表面质量要求）的工艺过程。

零件的装配工艺过程是将零件或部件进行配合和连接，使之成为半成品和成品，并达到要求的装配精度的工艺过程。

二、生产系统

不同的企业从自身的实际条件、外部环境等综合考虑，组织产品生产的模式主要有：

（1）生产全部零部件、组装产品（机器），即"大而全"的传统模式；

（2）生产一部分关键的零部件，其余的由其他企业外协供应，再组装整台产品；

（3）完全不生产零部件，零件靠外协加工，购回后装配产品，即所谓"大配套"模式。

机械工厂的生产过程中，为了实现最有效的经营管理，以获得最高的经济效益，不仅要考虑原材料、毛坯制造、机械加工、热处理、装配、油漆、试车、包装、运输和保管等物质范畴的因素，还必须综合分析和考虑技术情报、经营管理、劳动力调配、资源和能源利用、环境保护、市场动态、经济政策、社会问题和国际因素等。由此而形成的比制造系统、工艺系统更大的总体系统称为生产系统，见图1-2。生产系统中同样有物质流、能量流和信息流等子系统贯穿其中。生产系统将一个有机的企业整体划分出不同的层次结构，它决定了企业人员组配、人事、管理等组织架构。

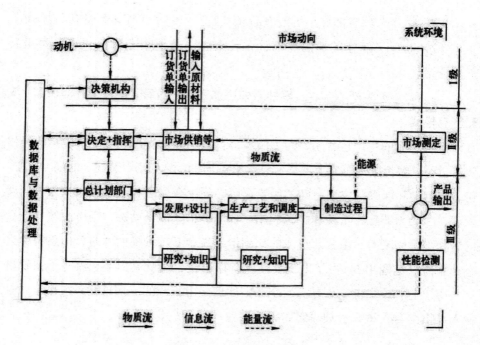

图 1-2 生产系统基本框图

第二节 现代制造技术概述

一、现代制造技术

（一）现代制造技术的内涵

目前，制造业面临着严峻的挑战和机遇，传统的制造技术和制造模式难以适应制造业新的发展局面，从而引发了制造技术、制造模式和管理技术的变革，具体内容如下：

（1）新技术革命使得制造业的资源配置必须由劳动密集型转向技术密集型和知识密集型，制造技术向自动化、智能化的方向发展。社会市场需求的多样化促使制造模式向着柔性制造发展，生产规模必须由大批量转为多品种、变批量，企业才能应对市场的需求。

（2）网络时代和信息技术的进步使得信息和信息技术成了制造业的主导因素，产品制造模式、企业经营观念日益更新。

（3）有限资源与日益增长的环境保护压力，要求从生产的始端就注重污染的防范，以节能、降耗、减污为目标，实现环境与发展的良性循环，最终达到可持续发展。

（4）制造全球化和贸易自由化的挑战使制造业市场出现了前所未有的国际化，跨国集团直接威胁到本土制造企业的生存。

现代制造技术是传统制造技术不断吸收机械、电子、信息、材料、能源及现代管理等方面最新的技术成果，并将其优化、集成，综合应用于产品设计、制造、检测、管理及售后服务等的制造全过程，实现优质、高效、低耗、清洁、灵活生产，是取得理想技术经济效果和社会效益的前沿制造技术的总称。

从本质上可以说，现代制造技术是传统制造技术、信息技术、自动化技术、人工智能技术、大数据、移动互联和现代管理技术等的有机融合。现代制造技术是制造技术的最新发展阶段，具有以下特点：

（1）现代制造技术贯穿了从市场预测、产品设计、采购和生产经营管理、制造装配、质量保证、市场销售、售后服务、报废处理及回收再利用等整个制造过程。

（2）现代制造技术注重技术、管理、人员三者的集成，是多学科交叉融合的产物，核心是信息技术、现代管理技术和制造技术的有机结合。

（3）现代制造技术的主要目标是提高制造业对市场的适应能力和竞争力。

（4）现代制造技术重视环境保护和资源的合理利用。

（二）现代制造技术的体系结构

现代制造技术是由传统制造技术与以信息技术为核心的现代科学技术相结合的一个完整的高新技术群，所涉及的学科较多，包含的技术内容较为广泛，已形成体系结构。现代制造技术的体系结构一般分为五大技术群：

1.系统总体技术群

系统总体技术群包括与制造系统集成相关的总体技术，其功能覆盖企业的预测、产品设计、加工制造、信息与资源管理直至产品销售和售后服务等各项活动，如柔性制造、计算机集成制造、敏捷制造、智能制造、绿色制造以及精良生产等。

2.管理技术群

管理技术群包括与制造企业的生产经营和组织管理相关的各种技术，其功能使制造资源（材料、设备、能源、技术、信息以及人力）得到总体配置优化和充分利用，使企业的综合效益（质量、成本、交货期）得到提高，如计算机辅助生产管理、制造资源计划、企业资源计划、供应链管理、动态联盟企业管理、全面质量管理、企业流程重组等。

3.设计制造一体化技术群

设计制造一体化技术群包括与产品设计、制造、检测等制造过程相关的各种技术，如并行工程、虚拟制造、可靠性设计、智能优化设计、绿色设计、快速原型技术、质量功能配置、数控技术、检测监控、质量控制等。

4.制造工艺与装备技术群

制造工艺与装备技术群包括与制造工艺及装备相关的各种技术，如精密及超精密加工工艺及装备、高速及超高速加工工艺及装备、特种加工工艺及装备、特殊材料加工工艺、少无切削加工工艺、热加工与成形工艺及装备、表面工程、微机电系统等。

5.支撑技术群

支撑技术群包括上述制造技术的各种支撑技术，如计算机技术、数据库技术、网络通信技术、软件工程、传感器和控制技术、机床和工具技术、人工智能、虚拟现实、标准化技术、材料科学、人机工程学、环境科学等。

二、先进制造技术

随着科学技术的发展和市场竞争的日趋激烈，为追求高效、生产高质量的产品，人们采用先进的技术手段，不断地深入研究与探讨切削、磨削加工方法及其理论。超高速加工、超精密加工以及快速原型制造技术、微细加工技术、复合加工技术、现代表面技术构成了当今主体先进加工技术。

（一）超高速加工技术

1.超高速加工的概念

超高速加工技术是指采用超硬材料的刀具、磨具和能可靠地实现高速运动的高精度、高自动化、高柔性的制造设备，以极高的切削速度来达到提高材料切除率、加工精度和加工质量的现代制造加工技术。它是提高切削和磨削效果以及提高加工质量、加工精度和降低加工成本的重要手段。其显著标志是当被加工塑性金属材料在切除过程中的剪切滑移速度达到或超过某一区域阈值后，开始趋向最佳切除条件，使得被加工材料切除所消耗的能量、切削力、工件表面温度、刀具磨具磨损、加工表面质量等明显优于传统切削速度下的指标，而加工效率则大大高于传统切削速度下的加工效率。

超高速加工是一个相对的概念，不同的工件材料、不同的加工方式有着不同的切削速度范围。一般认为，超高速加工各种材料的切削速度范围：铝合金为 2 000～7 500 m/min；铸铁为 900～5 000 m/min；钢为 600～3 000 m/min；超耐热镍合金为 80～500 m/min；钛合金为 150～1 000 m/min；纤维增强塑料为 2 000～9 000 m/min。各种加工方式的切削速度范围：车削为 700～7 000 m/min；铣削为 300～6 000 m/min；钻削为 200～1 100 m/min；磨削为 150 m/s 以上。

超高速切削和磨削机理的研究主要是对超高速加工条件下切削、磨削过程以及产生的各种切削、磨削现象的理论进行研究。它是超高速加工技术中最基本的技术支撑，其涉及的关键技术有：超高速切削、磨削的加工过程研究，超高速切削加工现象及切削工艺参数优化的研究，各种材料的超高速切削机理研究，超高速磨削技术中各种磨削现象及各种材料磨削的机理研究，超高速磨削（切削）虚拟实际的磨削技术开发研究，以及超高速主轴单元制造技术，超高速进给单元制造技术，超高速加工用刀具、磨具，超高速机床支承及辅助单元制造技术，超高速加工测试技术等。

2.超高速加工的特点

（1）大幅度提高切削、磨削效率

随着切削速度的大幅度提高，进给速度也相应提高 5～10 倍，单位时间材料切除率可提高 3～6 倍，零件加工时间可缩减到原来的 1/3，提高了加工效率和设备利用率,缩短了生产周期。采用 CBN 砂轮进行超高速磨削,砂轮线速度由 80 m/s 提高至 300 m/s 时,切除率由 50 mm³/mm·s 提高至 1000 mm³/mm·s,大大提高了磨削效率。

(2)切削力、磨削力小,加工精度高

在相同的切削层参数下,加工速度高,高速切削的单位切削力明显减小,使剪切变形区变窄,剪切角增大,变形系数减小,切削流出速度加快,可使切削变形较小,切削力比常规切削力降低 30%～90%,刀具耐用度可提高 70%。同时,高速切削使传入工件的切削热的比例大幅度减少,加工表面受热时间短、切削温度低,有利于提高加工精度,有利于获得低损伤的表面结构状态和保持良好的表面物理性能及机械性能。因此,超高速加工特别适合于大型框架件、薄壁件、薄壁槽形件等刚性较差工件的高精度、高效加工。

(3)加工能耗低,节省制造资源

在高速切削时,单位功率所切削的切削层材料体积显著增大,切除率高,能耗低,工件的在制时间短,提高了能源和设备的利用率,降低了切削加工所占制造系统资源的比例。

高速切削也存在刀具材料昂贵、机床(包括数控系统)、刀具平衡性能要求高以及主轴寿命低等缺点。

3.超高速加工技术的应用

(1)超高速切削技术的应用

在航空航天工业领域,为减轻重量,零部件应尽可能采用铝合金、铝钛合金或纤维增强塑料等轻质材料,这三种材料所占飞机材料的比重在 70%以上。采用高速切削,其切削速度可提高到 100～1 000 m/min,不但能大幅度提高机床生产率,而且能有效减少刀具磨损,提高工件表面加工质量。高速加工薄壁、细钢筋的复杂轻合金构件,材料切除率高达 100～180 cm³/min,是常规加工的3 倍以上,可大大压缩切削工时。

在汽车、摩托车工业领域,采用高速加工中心和其他高速数控机床组成高速柔性生产线，既能满足产品不断更新换代的要求，又有接近于组合机床刚性自动线的生产效率，实现了多品种、中小批量的高效生产。

在模具工业领域，用高速铣削代替电加工是加快模具开发速度、提高模具制造质量的有效途径。用高速铣削加工模具，不仅可以达到高转速、大进给，而且可以使粗加工、精加工一次性完成，极大地提高了模具的生产效率。

高速切削的应用范围正在逐步扩大，不仅可用于切削金属等硬材料，也越来越多地用于切削软材料，如橡胶、塑料、木头等，经高速切削后，这些软材料的被加工表面极为光洁，加工效果极好。

（2）超高速磨削技术的应用

高效深磨技术是近几年发展起来的一种融砂轮高速度、高进给速度（0.5～10 m/min）和大切深（0.1～30 mm）为一体的高效率磨削技术。高效深磨可以获得与普通磨削技术相近的表面粗糙度，同时使材料磨除率比普通磨削高得多。高效深磨可直观地看成缓进给磨削和超高速磨削的结合。高效深磨与普通磨削不同，可以通过一个磨削过程，完成过去由车、铣、磨等多个工序组成的粗、精加工过程，获得远高于普通磨削加工的金属磨除率，表面质量也可达到普通磨削的水平。

超高速精密磨削采用超高速精密磨床，并通过精密修整微细磨料磨具，采用亚微米级以下的切深和洁净的加工环境来获得亚微米级以下的尺寸精度，使用微细磨料磨具是精密磨削的主要形式。

超高速磨削是解决难磨材料加工的一种有效方法。超高速磨削能实现对硬脆材料延性域的磨削，因超高速磨削的磨屑厚度极小，当磨屑厚度接近最小磨屑厚度时，磨削区的被磨材料处于流动状态，所以会使陶瓷、玻璃等硬脆性材料以塑性形式生成磨屑。

（二）超精密加工技术

现代制造业持续不断地致力于提高加工精度和表面质量，主要目标是提高产品性能、质量和可靠性，改善零件的互换性，提高装配效率。超精密加工技术已成为衡量一个国家先进制造技术水平的重要指标之一。

1.超精密加工技术的内涵

在目前的技术条件下，根据加工精度和表面粗糙度的不同，可以将现代机械加工划分为以下四种：

（1）普通加工

加工精度在 1μm、表面粗糙度 Ra 为 0.1μm 以上的加工方法。在目前的发达工业国家中，一般都能稳定掌握。

（2）精密加工

加工精度在 0.1～1μm、表面粗糙度 Ra 为 0.011～0.1μm 之间的加工方法，如金刚石精镗、精磨、研磨、珩磨加工等。

（3）超精密加工

加工精度小于 0.1μm、表面粗糙度 R_0 小于 0.01μm 的加工方法，如金刚石刀具超精密切削、超精密磨削加工、超精密特种加工和复合加工等。

（4）纳米加工

加工精度高于 1 mm（$1nm=10^{-3}μm$），表面粗糙度 R_a 小于 0.005 nm 的加工技术。这类加工方法已不是传统的机械加工方法，而是原子、分子单位的加工。目前多用于微型机械产品的加工，如直径是 50μm 的齿轮的加工。

超精密加工在提高机电产品的性能、质量和发展高新技术方面有着非常重要的作用，它涉及被加工工件的材料、加工设备及工艺设备、光学、电子、计算机、检测方法、工作环境和工人的技术水平等因素，是一门综合多学科的高新技术。

2.超精密加工的主要方法

超精密加工包括超精密切削（车削、铣削）、超精密磨削及超精密特种加工。

超精密切削加工主要指金刚石刀具超精密车削，主要用于加工软金属材料

（如铜、铝等），非铁金属及其合金以及光学玻璃、大理石和碳素纤维板等非金属材料，加工的主要对象是精度要求很高的镜面零件。目前，在使用极锋利的刀具和机床条件最佳的情况下，可以实现切削厚度为纳米级的连续稳定切削。

超精密磨削和磨料加工是利用细粒度的磨粒和微粉对钢铁金属、硬脆材料等进行加工，可分为固结磨料和游离磨料两大类加工方式。其中，固结磨料加工包括超精密砂轮磨削和超硬材料微粉砂轮磨削、超精密砂带磨削、ELID 磨削、双端面精密磨削以及电泳磨削等。超精密磨削是加工精度在 $0.1\,\mu m$ 以下、表面粗糙度 Ra 小于 $0.025\,\mu m$ 的砂轮磨削方法，采用人造金刚石、立方氮化硼（CBN）等超硬磨料砂轮。与普通磨削不同的是切削深度极小，超微量切除，除微切削作用外，还有塑性流动和弹性破坏等作用，主要用于对加工较难的材料进行加工。

超精密研磨是一种加工误差达 $0.01\,\mu m$ 以下，表面粗糙度 R_0 小于 $0.02\,\mu m$ 的研磨方法，是一种原子、分子加工单位的加工方法，从机理上来看，其主要是通过磨粒的挤压，使被加工表面产生塑性变形。

3. 超精密加工技术的应用

超精密加工技术在仪器仪表工业、航空航天工业、电子工业、国防工业、计算机制造、各种反射镜的加工、微型机械等领域有着广阔的应用前景，尤其在尖端产品和现代化武器的制造中占有非常重要的地位。

（1）超精密切削加工技术的应用

金刚石超精密切削加工技术在航空、航天领域超精密零件的加工和精密光学器件及其民用产品的加工中，都取得了良好的效果。

（2）超精密磨削加工技术的应用

超精密磨削可用于钢铁及其合金等金属材料，如耐热钢、钛合金、不锈钢等合金钢，特别是对经过淬火等处理的淬硬钢的加工，也可用于磨削铜、铝及其合金等非铁金属的加工。超精密加工是陶瓷、玻璃、石英、半导体、石材等硬脆难加工非金属材料的主要加工方法。

未来超精密加工技术的发展趋势是向更高精度、更高效率的方向发展，向大型化、微型化方向发展，向加工检测一体化方向发展；机床向多功能模块化方向发展，不断挖掘适合于超精密加工的新原理、新方法、新材料。

（三）快速原型制造技术

快速原型制造技术（Rapid Prototyping Manufacturing，以下简称为 RPM）是用材料逐层或逐点堆积出零件的一种快速制造方法，可以对产品设计进行快速评价、修改及功能试验，有效地缩短了产品的研发周期，满足了快速响应市场的需求，提高了企业的竞争力。

1.RPM 技术的原理

RPM 技术是在计算机的控制与管理下，由零件的 CAD 模型直接驱动快速制造任意复杂形状三维实体的技术总称，是综合利用 CAD 技术、数控技术、材料科学、机械工程、电子技术和激光技术等现代多种先进技术的集成。快速原型技术是基于（软件）离散/（材料）堆积原理，通过离散获得堆积的路径和方式，再通过精确堆积将材料"叠加"起来形成复杂的三维实体，最终完成零件的成形与制造的技术。人们把快速原型制造系统比喻为"立体打印机"是非常形象的。

2.RPM 技术的特点

不同于传统的去除成形（如车、铣、刨、磨等）、拼合成形（如焊接）或受迫成形（如铸、锻，粉末冶金）等加工方法，快速原型制造技术具有以下特点：

（1）由 CAD 模型直接驱动，能自动、快速、精确地将设计思想转变成一定功能的产品原型甚至直接制造零件，对缩短产品开发周期、减少开发费用、提高企业市场竞争力具有重要意义。

（2）可以在没有任何刀具、模具及工装夹具的情况下，快速直接地制成几何形状任意复杂的零件，而不受传统机械加工方法中刀具无法达到某些型面的限制。

（3）在曲面制造过程中，CAD 数据的转化（分层）可百分之百地全自动完成，而不像数控切削加工中需要高级工程技术人员复杂的人工辅助劳动才能转化为完全的工艺数控代码。

（4）任意复杂零件的加工只需在一台设备上完成，不需要传统的刀具或工装等生产准备工作。大大缩短了新产品的开发成本和周期，加工效率远胜于数控加工。

（5）设备投资低于数控机床。

（6）在成形过程中无人干预或较少人为干预。

3.RPM 技术的应用

RPM 技术在国民经济极为广泛的领域得到了应用，目前已应用于制造业、与美学有关的工程、医学、康复、考古等领域，RPM 技术还可应用到首饰、灯饰和三维地图的设计制作等方面，并且还在向新的领域发展。

RPM 技术在新产品快速开发方面的应用主要有新产品研制、市场调研和产品使用。在新产品研制方面，主要通过快速成形制造系统制作原型来验证概念设计、确认设计、性能测试、制造模具的母模和靠模。在市场调研方面，可以把制造的原型展示给最终用户和各个部门，广泛征求意见，尽量在新产品投产之前完善设计，生产出适销对路的产品。在产品使用方面，可以直接利用制造的原型、零件或部件的最终产品。

RPM 技术在快速模具制造的应用方面可以大大简化模具的制造过程。应用快速成形制造模具的方法，即快速模具技术，已成为快速成形技术的主要应用领域之一。

4.RPM 技术的发展趋势

RPM 技术在研究、设计、工艺、设备直至应用方面都有了迅猛的发展，尤其是近几年，研究范围不断扩大，应用领域不断增多。

（1）面向制造的 RPM

RPM 工艺发展至今已出现了数十种不同的工艺方法和成形原理，仅基于 LOM 制造工艺的方法就达 30 多种。因此，研究新的成形工艺应与完善现有的技术并重。RPM 作为一种新型的制造技术，其实用性是未来发展的一个重要方向。要解决的主要问题是提高制造精度、降低制造成本、缩短制造周期、提高零件的复杂程度，甚至可以直接制造最终的零件。

（2）研制更适合于 RPM 的新型材料

金属、陶瓷和复合材料的应用代表了新材料在 RPM 领域的研究进展，因为这些材料更适合于制造各种功能的零件，更符合工程的实际需要。如美国 DTM 公司开发了涂覆树脂的钢球材料用于生产注塑模。德国 EOS 公司和日本 CMIT 公司在环氧光敏树脂中添加陶瓷粉，可快速直接制模。

（3）RPM 的智能化

在 RPM 制造技术中，其工艺参数的选择仍需靠操作人员经验的积累。因此，研究加工参数的智能设定可降低操作人员对经验的依赖，稳定加工质量。适当引入人工智能和专家系统，自动选择出最佳的工艺参数，是 RPM 发展的必然趋势。

大多数 RPM 工艺（如 SLA、FDM 等）须在成形过程中添加不同的支撑，以控制被加工件的收缩和变形。支撑的合理设计与施加，会直接影响成形过程的好坏以及成形的制造质量。目前主要是借助商品化软件，通过人机交互界面，依赖操作人员的经验来施加支撑，智能化施加支撑的方法与精确量化的手段将会引入 RPM 技术中。

（4）桌面化的 RPM 制造系统

随着计算机技术、信息技术、多媒体技术、机电一体化技术的不断发展，将会出现基于 RPM 技术的桌面制造系统，其将与打印机、绘图机一样作为计算机的外围设备来使用，真正成为三维立体打印机或三维传真机，逐步使 RPM

设备变成经济型、大众化、易使用、绿色环保、通用化的计算机外围设备。

（5）网络化的 RPM

信息高速公路的发展和普及，使得资源和设备的充分共享得以实现。通过网络，可使不具备产品开发能力或快速成形设备的企业利用网络的优势，充分使用网络上的共享资源和设备，由具备快速成形制造能力的公司进行产品开发和成形制造，从而实现远程制造，并可根据用户的需求，智能选择系统可综合考虑各项需求指标，选择出最适合客户要求的成本低、周期短、材料适宜的 RPM 系统。

（6）开发功能强大的 RPM 软件

随着 RPM 的不断发展，其软件所面临的问题也日益突出，尤其是 STL 文件自身的缺陷和不足，因此开发一种功能强大、具备 RPM 数据处理（分层处理）方法的商品化应用软件势在必行。改变目前平面等厚的分层方式，可拓宽为曲面分层、非均匀分层，也可以直接从曲面模型中进行分层，采用更精确、快速的数学算法，以提高成形精度。

（7）生长成形

随着生物工程、活性工程、基因工程、信息科学的发展，将会出现一种全新的信息制造过程，与制造物理过程相结合的生长成形方式，生长与制造合为一体，密不可分。

（四）微细加工技术

1.微型机械及微细加工技术的概念

微型机械又称微型机电系统或微型系统，是指可以批量制作的，集微型机构、微型传感器、微型执行器以及信号处理器和控制电路，甚至集外围接口、通信电路和电源等于一身的微型机械系统。微型机械的目的不仅仅在于缩小尺寸和体积，其目标更在于通过微型化、集成化来探索新原理、新功能的元件和系统，开辟一个新技术领域，形成批量化产业。其特征尺寸范围为 1～10 mm，其中，尺寸在 1～10 mm 之间的机械为微小型机械；尺寸在 1 μm～1 mm 之间的机械为微型机械；而尺寸在 1 nm～1 μm 之间的机械为纳米机械，或称超微型机械。

微型机械加工技术是指制作微机械或微型装置的加工技术，涉及电子、电气、机械、材料、制造、信息与自动控制、物理、化学、光学、医学以及生物技术等多种工程技术和学科，并集成了当今科学技术的许多尖端成果。它是一个新兴的、多学科交叉的高科技领域，研究和控制物质结构的功能尺寸或分辨能力，达到微米至纳米尺度，加工尺度从亚毫米到微米量级，而加工单位则从微米到原子或分子线度量级。

微型机械由于其本身形状尺寸微小或操作尺度极小的特点，具有能够在狭小空间内进行作业，而又不干扰工作环境和对象的优势，目前在航空航天、精密仪器、生物医疗等领域有着广阔的应用潜力，并成为纳米技术研究的重要手段，被列为 21 世纪的关键技术之首，是 21 世纪重点发展的学科之一。

微型机械涉及许多关键技术，主要包括微型机械设计技术、微细加工技术、微型机械组装和封装技术、微系统的表征和测量技术及微系统集成技术。

2.微细加工技术的加工工艺

微细加工工艺主要有半导体加工技术、表面微机械加工技术、LIGA 技术、IC 技术、超微机械加工和电火花线切割加工技术。

（1）半导体加工技术

半导体加工技术即对半导体的表面和立体的微细加工，指在以硅为主要材料的基片上，进行沉积、光刻与腐蚀的工艺过程。半导体加工技术使微机电系统（MEMS）的制作具有低成本、大批量生产的潜力。

（2）表面微机械加工技术

表面微机械加工技术是在硅表面根据需要生长多层薄膜，如二氧化硅、多晶硅、氮化硅、磷硅玻璃膜层等。采用选择性腐蚀技术，在硅片表面层去除部分不需要的膜层，就形成了所需要的形状，甚至是可动部件，去除的部分膜层一般称为"牺牲层"，其核心技术是"牺牲层"技术。该技术的最大优势在于把机械结构与电子电路集成在一起，从而使微产品具有更好的性能和更高的稳定性。

（3）LIGA 技术

光刻电铸（Lithographie、Galvanoformung、Abformung，以下简称为 LIGA）技术是一种由半导体光刻工艺派生出来的，采用光刻方法一次生成三维空间微机械构件的方法，经过近 10 年的发展已趋成熟。其机理是由深层 X 射线光刻、电铸成形及注塑成形三个工艺组成。在用 LIGA 技术进行光刻的过程中，一张预先制作模板上的图形被映射到一层光刻掩膜上，掩膜中被光照部分的性质发生变化，在随后的冲洗过程中被溶解，剩余的掩膜即是待生成的微结构的负体，在接下来的电镀成形过程中，从电解液析出的金属填充到光刻出的空间而形成金属微结构。为了能在数百微米厚的掩膜上进行分辨率为亚微米的光刻，LIGA 技术采用了特殊的光源——同步电子加速器产生的 X 光辐射，这种 X 光辐射能量高，强度大，波长短且高度平行，是进行分辨率深度光刻的一种理想光源。

（4）IC 技术

集成电路（Integrated Circuits，以下简称为 IC）技术是一种发展十分迅速且较成熟的制作大规模电路的加工技术，在微型机械加工中使用较为普遍，是一种平面加工技术，但是该技术的刻蚀深度只有数百纳米，且只限于制作硅材料的零部件。

（5）超微机械加工和电火花线切割加工技术

用小型精密金属切削机床及电火花线切割等加工方法可以制作毫米级尺寸的微型机械零件，是一种三维实体加工技术，加工材料广泛，但多是单件加工、单元装配，加工费用较高。

精密微细切削加工可用于金属、塑料及工程陶瓷等材料的具有回转表面的微型零件加工，如圆柱体、螺纹表面、沟槽、圆孔及平面等，切削方式有车削、铣削和钻削。精密微细磨削可用于硬脆材料的圆柱体表面、沟槽、切断的加工，在精密微细磨削机床上加工的工件长度可达 1 mm、直径可至 50 μm。微细电火花加工是利用微型 EDM 电极对工件进行电火花加工，可对金属、聚晶金刚石和单晶硅等导体、半导体材料做垂直工件表面的孔、槽、异形成形表面的加工。微细电火花线切割也可以加工微细外圆表面，由于作用力小，适合于加工长径比较大的工件。

微型机械加工技术中除微细加工技术外，还包括许多相关技术，如微系统设计技术、微系统表征和测试技术等。

（五）复合加工技术

1.复合加工技术的概念

复合加工技术是指借助机械、化学、光、电、磁、超声波等能量形式中的一种能量形式为主，辅助其他一种或多种能量进行加工的形式。它能成倍地提高加工效率和进一步改善加工质量，是特种加工发展的重要方向。

复合加工的工艺方法很多，并且在不断涌现新的方法。根据加工材料的特性和精度及效率的要求，可以组合出众多各具特点的新复合加工方法。目前，复合加工尚没有形成统一的分类方法。一般认为，复合加工主要包括机械复合加工、电化学复合加工、电火花复合加工和超声波复合加工等。

机械复合加工是以常规机械加工（切削和磨料加工）为主的综合加工方法，有机械—超声波、机械—激光、机械—磁力、机械—化学、机械—超声波—电火花、机械—电化学—电火花等多种组合方式。目前常用的工艺方法有机械化学研磨和抛光、激光辅助车削和磨削、电解在线修整磨削、电火花修整磨削、磁力研磨、超声波切削、超声波磨料加工（磨削、研磨和抛光）及超声波电火花磨削等。

电化学复合加工是以电化学加工为主的综合加工方法，有电化学—机械、电化学—电火花、电化学—电弧、电化学—超声波、电化学—磁力、电化学—机械—超声波等多种组合方式。目前常用的工艺方法有电解切削（铣、钻等）、电解磨削、电解珩磨、电解研磨和抛光及电解电火花加工、电解电弧加工及电解超声波加工等。

电火花复合加工是以电火花的蚀除作用为主的综合加工方法，有电火花—机械、电火花—超声波等多种组合方式。目前常用的工艺方法有电火花铣削、电火花磨削、电火花切割和电火花超声波加工等。

超声波复合加工是以超声波加工为主的综合加工方法，有超声波—机械、超声波—磁力等多种组合方式。目前常用的工艺方法有超声波研磨、超声波旋转加工、超声波电解加工等。

2.复合加工技术的加工工艺

（1）机械化学抛光

机械化学抛光（Chemical-Mechanical Polishing，以下简称为CMP）是利用机械加工与化学加工相结合的一种复合加工方法。它是利用比工件材料软的磨料来进行抛光的。由于运动的磨料本身的活性以及磨料与工件间在微观接触度的摩擦产生的高压、高温，使工件表面能在很短的接触时间内出现固相反应，随后该反应的生成物被运动的机械摩擦作用去除，其去除量可小至 0.1 nm。

（2）电解磨削

电解磨削是利用电解作用与机械磨削相结合的一种复合加工方法。在加工时，导电砂轮接阴极，车刀接阳极，且两者之间保持一定的接触压力，往加工区域送入电解液，在电解和机械磨削的双重作用下，车刀很快达到加工要求。在电解磨削中，电解作用是主要的，金属主要靠电化学作用腐蚀下来，砂轮起着磨去电解产物阳极钝化膜和平整工件表面的作用。

电解磨削在加工时几乎不产生磨削力和磨削热，工件不会出现裂纹、烧伤和变形等缺陷，可以高效、高质地磨削各类硬质合金刀具、量具、挤压拉丝模具、轧辊和各种强度高、韧性与脆性大、热敏感材料所制成的工件以及普通磨削很难加工的小孔、深孔、薄壁筒和细长杆零件等。

（3）超声波电解加工

超声波电解加工是利用超声波作用与电解作用相结合的一种复合加工方法。它可以降低工具的损耗、提高加工速度。

（4）磨料水射流加工

磨料水射流加工是在水射流加工的基础上引入磨料射流加工，集两种加工技术优点于一身的复合加工技术。

（六）现代表面技术

1.表面技术的概念

表面技术是一项通过改变固体金属表面或非金属表面的形态、化学成分和组织机构，以获得所需表面性能的系统工程。它是通过附着（电镀、涂层、氧化膜）、注入（多元共渗、渗氮、离子溅射）、热处理（激光表面处理）等手段，赋予材料表面耐磨、耐蚀、耐疲劳、耐热、耐辐射以及光、磁、电等特殊功能及特定功能来制造构件、零部件和元器件的。这是近几年来迅速发展的一项新技术，对制造技术的发展有着重要的意义。

表面技术的类别很多，主要分为表面处理技术和表面加工技术。表面处理技术又分为表面覆盖技术、表面改性技术和复合表面处理技术三种。

表面覆盖技术主要包括电镀、电刷镀、涂装、黏结、堆焊、熔结、热喷涂、塑料粉末涂敷、热浸涂、搪瓷涂敷、陶瓷涂敷、真空蒸镀、溅射镀、离子镀、化学气相沉积、分子束外延制膜、离子束合成薄膜技术等以及其他形式的覆盖层，如各种金属经氧化和磷化处理后的膜层、包箔、贴片的整体覆盖层、缓蚀剂的暂时覆盖层等。

表面改性技术主要包括喷丸强化、表面热处理、化学热处理、等离子扩渗处理、激光表面处理、电子束表面处理、高密度太阳能表面处理、离子注入表面改性等。

表面加工技术对金属材料而言主要包括电铸、包覆、抛光和蚀刻等方式。

表面复合处理技术是指将两种或多种森面技术以适当的顺序和方法复合在一起，或以某种表面技术为基础制造复合涂层的技术。

2.表面技术的加工工艺

（1）热喷涂

热喷涂是将喷涂材料（粉末、熔丝）加热到熔融或半熔融状，通过高速气流使其雾化成微粒状，并喷射、沉积到经过预处理的工件表面，形成附着牢固的表面层的一种表面覆盖技术。热喷涂中常用的热源为气体或液体燃料、氧-乙炔焰、电弧、等离子弧、电子束、激光束等，喷涂材料为金属、合金、塑料、金属陶瓷、氧化物、碳化物及其复合材料等。若将喷涂层再加热重熔，则产生冶金结合。

（2）激光表面处理

激光表面处理是高能密度表面处理技术中的一种主要手段，在表面处理领域占据了一定的地位。

激光表面处理的目的是改变工件表面层的成分和显微结构，激光表面处理工艺包括激光相变硬化、激光熔覆、激光合金化、激光非晶化和激光冲击硬化等。激光表面处理的许多效果是与快速加热和随后的急速冷却分不开的。

目前，激光表面处理技术已用于许多领域，并显示出越来越广泛的工业应用前景。

激光合金化是在工件基体的表面采用沉积法预先涂一层合金元素，然后用激光束照射在涂层的表面。当激光转化为热量后，合金元素和基体薄层被熔化，使基体与合金元素混合而形成合金。它与整体合金化相比，能节约大量贵重的金属。

（3）气相沉积

气相沉积也叫真空涂膜技术，是通过气相（气态）中发生的物理、化学过程，在零件表面形成一层功能性或装饰性涂层的新技术。涂层厚度通常为 $2\sim10\,\mu\mathrm{m}$。按反应过程的性质的不同，气相沉积分为物理气相沉积（PVD）和化学气相沉积（CVD）两类。其中，物理气相沉积的应用更为广泛，目前有真空蒸发涂膜、离子涂膜和溅射涂膜三种。

（4）化学转化膜

化学转化膜是指采用化学处理液，使金属表面与溶液界面上产生化学或电化学反应，生成稳定的化合物薄膜的表面处理过程。该技术主要用于金属表面的防护，以增强金属表面的耐磨性或降低金属表面的摩擦力，适用于金属表面的装饰层和绝缘层以及涂装底层。化学转化膜在生产中的应用主要有磷化膜、氧化膜、钝化膜和着色膜等。

研究和发展现代表面技术对提高产品的使用寿命和可靠性，对改善产品的性能、质量，增强产品的竞争力，对推动高科技和新技术的发展，对节约材料和能源等都具有重要意义。

三、自动化技术

（一）制造自动化技术概述

1.制造自动化技术的内涵

制造自动化技术是当代先进制造业技术的重要组成部分，是当前制造工程领域中涉及面广、研究活跃的技术，已经成为制造业获取市场竞争力的重要手段之一。

制造自动化是指在广义的"大制造概念"制造过程中的所有环节采用自动化技术，从而实现制造全过程的自动化。制造自动化的任务就是研究对制造过程的规划、管理、组织、控制与协调优化等的自动化，以使产品制造过程实现高效、优质、低耗、及时和洁净的目标。

制造自动化的广义内涵至少包括以下三个方面：

（1）形式

制造自动化有三个方面的含义，即代替人的体力劳动，代替或辅助人的脑力劳动，制造系统中人、机器及整个系统的协调、管理、控制和优化。

（2）功能

制造自动化的功能目标是多方面的，该体系可用 TQCSE 功能目标模型描述。在 TQCSE 模型中，T、Q、C、S、E 是相互关联的，它们构成了一个制造自动化功能目标的有机体系。

T 表示时间（time），是指采用自动化技术，缩短产品制造周期，产品上市快，提高生产率；Q 表示质量（quality），是指采用自动化技术，提高和保证产品质量；C 表示成本（cost），是指采用自动化技术有效地降低成本，提高经济效益；S 表示服务（service），是指利用自动化技术，更好地做好市场服务工作，也能通过替代或减轻制造人员的体力和脑力劳动，直接为制造人员服务；E 表示环境友善性（environment），指的是制造自动化应有利于充分利用资源，减少废弃物和环境污染，有利于实现绿色制造及可持续发展制造战略。

（3）范围

制造自动化包括产品设计自动化、企业管理自动化、加工过程自动化和质量控制过程自动化。产品设计自动化包括计算机辅助设计（CAD）、计算机辅助工艺设计（CAPP）、计算机辅助产品工程（CAE）、计算机产品数据管理（PDM）和计算机辅助制造（CAM）。企业管理自动化。加工过程自动化包括各种计算机控制技术，如现场总线、计算机数控（CNC）、群控（DNC），各种自动生产线、自动存储和运输设备、自动检测和监控设备等。质量控制自动化包括各种自动检测方法、手段和设备，计算机的质量统计分析方法、远程维修与服务等。

制造自动化代表着先进制造技术的水平，促使制造业逐渐由劳动密集型产业向技术密集型和知识密集型产业转变，是制造业发展的重要表现和重要标志。采用制造自动化技术可以有效改善劳动条件，提高劳动者的素质，显著提高劳动生产率，大幅度提高产品质量，促进产品更新，带动相关技术的发展，有效缩短生产周期，显著降低生产成本，提高经济效益，大大提高企业的市场竞争力。

2.制造自动化技术的发展趋势

制造自动化的概念是一个动态发展的过程。制造自动化研究的内容主要有制造系统中的集成技术和系统技术、人机一体化制造系统、制造单元技术、制造过程的计划和调度、柔性制造技术和适应现代生产模式的制造环境等。制造自动化技术的发展趋势主要是制造敏捷化、制造网络化、制造智能化、制造全球化、制造虚拟化和制造绿色化。

（1）制造敏捷化

敏捷制造是一种面向 21 世纪的制造战略和现代制造模式。敏捷化是制造环境和制造过程面向 21 世纪制造活动的必然趋势。制造环境和制造过程的敏捷化包括以下三个方面：

①柔性，包括机器柔性、工艺柔性、运行柔性、扩展柔性和劳动力的柔性及知识供应链等。

②重构能力，能实现快速重组重构，增强对新产品开发的快速响应能力，有利于产品过程的快速实现、创新管理和应变管理。

③快速化的集成制造工艺，如快速原型制造 RPM 是一种 CAD/CAM 的集成工艺。

（2）制造网络化

制造的网络化已成为重要的发展趋势，正在给企业制造活动带来新的变革。基于网络的制造包括以下四个方面的内容：

①制造环境内部的网络化，实现制造过程的集成；

②制造环境与整个制造企业的网络化，实现制造环境与企业中工程设计、管理信息系统等各子系统的集成；

③企业与企业间的网络化，实现企业间的资源共享、组合与优化利用；

④通过网络实现异地制造。

（3）制造智能化

智能化是制造系统在柔性化和集成化基础上进一步的发展和延伸，是未来制造自动化发展的重要方向。智能制造系统是一种由智能机器和人类专家共同组成的人机一体化智能系统，它在制造过程中能进行智能活动，诸如分析、推理、判断、构思和决策等。智能制造技术的宗旨在于通过人与智能机器的合作共事，去扩大、延伸和部分地取代人类专家在制造过程中的脑力劳动，以实现制造过程的优化。

（4）制造全球化

智能制造系统计划和敏捷制造战略的发展和实施，促进了制造业的全球化。制造全球化的内容包括以下六个方面：

①市场的国际化，产品销售的全球网络正在形成；

②产品设计和开发的国际合作；

③产品制造的跨国化；

④制造企业在世界范围内的重组与集成，如动态联盟公司；

⑤制造资源的跨地区及跨国家的协调、共享和优化利用；

⑥全球制造的体系结构将要形成。

（5）制造虚拟化

基于数字化的虚拟化技术主要包括虚拟现实（VR）、虚拟产品开发（VPD）、虚拟制造（VM）和虚拟企业（VE）。制造虚拟化主要指虚拟制造，又称拟实制造，是以制造技术和计算机技术支持的系统建模技术和仿真技术为基础，融现代制造工艺、计算机图形学、并行工程、人工智能、人工现实技术和多媒体技术等多种高新技术为一体，由多学科知识形成的一种综合系统技术。它将现实制造环境及其制造过程通过建立系统模型映射到计算机及其相关技术所支撑的虚拟环境中，在虚拟环境下模拟现实制造环境及其制造过程的一切活动和产品制造全过程，并对产品制造及制造系统的行为进行预测和评价。虚拟制造是实现敏捷制造的重要关键技术，对未来制造业的发展至关重要。

（6）制造绿色化

绿色制造是一个综合考虑环境影响和资源效率的现代制造模式，其目标是使产品从设计、制造、包装、运输、使用到报废处理的整个产品生命周期中，对环境的负面影响最小，资源使用效率最高。绿色制造已成为全球可持续发展战略对制造业的具体要求和体现。绿色制造涉及产品的整个生命周期和多生命周期。对制造环境和制造过程而言，绿色制造主要涉及资源的优化利用、清洁生产和废弃物的综合利用。绿色制造是目前和将来制造自动化系统应该予以充分考虑的一个重大问题。

"知识化""创新化"已成为制造自动化技术的重要发展趋势。随着知识对经济发展重要性的增强，未来的制造业将是智力型的工业，产品的知识含量成为竞争的基础力量和决定胜负的关键。这要求制造业必然提高技术和知识含量，实施知识管理，注重知识共享，迎接"以知识为基础的产品"新时代。创新作为知识经济的核心，将成为企业生存与发展的根本。制造业必须不断提高技术创新和知识创新的能力，增强企业的市场竞争力。

二、柔性制造系统

1.柔性制造系统的概念

柔性制造技术（Flexible Manufacturing Technology，以下简称为 FMT）是一种主要用于多品种中小批量或变批量生产的制造自动化技术，它是对各种不同形状的加工对象进行有效的、且适合转化为成品的各种技术的总称。FMT是将计算机技术、电子技术、智能化技术与传统加工技术融合在一起，具有先进性、柔性化、自动化、效率高的制造技术，在机械转换、刀具更换、夹具可调、模具转位等硬件柔性化的基础上发展，已成为自动变换、人机对话转换、智能化任意变化对不同加工对象实现程序化柔性制造加工的一种崭新技术，是自动化制造系统的基本单元技术。

柔性制造系统（Flexible Manufacturing System，以下简称为 FMS）是由数控加工设备、物料运储装置和计算机控制系统等组成的自动化制造系统。它包括多个柔性制造单元，能根据制造任务或生产环境的变化迅速进行调整，以适宜于多品种、中小批量的生产。用于切削加工的 FMS 主要由四部分组成：若干台数控机床、物料搬运系统、计算机控制系统和系统软件。

FMS 的柔性可以从几个方面评价：

①设备柔性。指系统中的加工设备具有适应加工对象变化的能力。

②产品柔性。指系统能够经济而迅速地转换到生产一族新产品的能力。产品柔性也称反应柔性。

③工艺柔性。指系统能以多种方法加工某一族工件的能力。工艺柔性也称加工柔性或混流柔性。

④工序柔性。指系统改变每种工件加工先后顺序的能力。

⑤流程柔性。指系统处理其局部故障，并维持继续生产原定工件族的能力。

⑥批量柔性。指系统在成本核算上能适应不同批量的能力。

⑦扩展柔性。指系统能根据生产需要方便地进行模块化组建和扩展的能力。

⑧生产柔性。

2.柔性制造系统的组成

FMS 是数控机床或设备自动化的延伸，典型的 FMS 一般由加工系统、物流系统和控制与管理系统组成。此外，FMS 还包含冷却系统、排屑系统、刀具监控和管理等附属系统。

各系统的有机结合，构成了一个制造系统的能量流（通过制造工艺改变工件的形状和尺寸）、物料流（主要指工件流和刀具流）和信息流（制造过程的信息和数据处理）。

柔性制造系统对产品设计、生产目标与计划、工作站、物料搬运和加工路线等的变化能实现实时调整。

3.柔性制造系统的控制与管理

FMS 的控制与管理系统是实现 FMS 加工过程中物料流动过程的控制、协调、调度、监测和管理的信息流系统。它由计算机、工业控制机、可编程序控制器、通信网络、数据库和相应的控制与管理软件等组成，是 FMS 的神经中枢和命脉，也是各系统之间的联系纽带。

FMS 的控制与管理系统主要具备以下基本功能：

（1）数据分配功能

向 FMS 内的各种设备发送数据，如工艺流程、工时标准、数控加工程序、设备控制程序、工件检验程序等。

（2）控制与协调功能

控制系统内各设备的运行并协调各设备间的各种活动，使物料分配与传送能及时满足加工设备对被加工工件的需求，工件加工质量满足设计要求。

（3）决策与优化功能

根据当前生产任务和系统内的资源状况，决策生产方案，优化资源分配，使各设备达到最佳使用状态，保证任务按时、保质完成和以最少的投入获得最大的利润。

（4）操作支持功能

通过系统的人机交互界面，使操作者对系统进行操作、监视、控制和数据输入。在系统发生故障后，使系统具有通过人工介入而实现再启动和继续运行的功能。

FMS 是一个复杂的制造系统，通常采用了多级计算机递阶控制结构，各层次分别独立进行处理，完成各自的功能，层与层之间在网络和数据库的支持下，保持信息交换，上层向下层发送命令，下层向上层回送命令的执行结果。以此来分散主计算机的负荷，提高控制系统的可靠性，同时也便于控制系统的设计和维护，减少全局控制的难度和控制软件开发的难度。通常采用两级或三级递阶控制结构形式。在上述各层中，从上层到下层的数据量逐级减少，而数据传送的时间逐级加快。在实际应用中，FMS 控制结构体系可根据企业在自动化技术更新方面的发展规划和系统目标而增减层次。

4.柔性制造系统的发展

目前，FMS 技术已臻完善，进入了实用阶段，并已形成高科技产业。随着科学技术的进步以及生产组织与管理方式的不断更换，FMS 作为一种生产手段也将不断适应新的需求，不断引入新的技术，不断向更高层次发展。

（1）向小型化、单元化方向发展

从 20 世纪 90 年代开始，为了让更多的中小企业采用柔性制造技术，FMS 由大型复杂系统，向经济、可靠、易管理、灵活性好的小型化、单元化，即柔性制造单元（FMC）方向发展。

（2）向模块化、集成化方向发展

为了有利于 FMS 的制造厂家组织生产、降低成本，也有利于用户按需、分期、有选择性地购置系统中的设备，并逐步扩展和集成为功能更强大的系统，FMS 的软件、硬件都向模块化方向发展。以模块化结构集成 FMS，再以 FMS 作为制造自动化基本模块集成 CIMS 是一种基本趋势。

（3）单项技术性能与系统性能不断提高

构成 FMS 的各单项技术性能与系统性能不断提高，如采用各种新技术提高机床的加工精度、加工效率；综合利用先进的检测手段，运储技术、刀具管理技术、数据库和人工智能技术、控制技术以及网络通信技术的迅速发展，提高 FMS 各单元及系统的自我诊断、自我排错、自我修复、自我积累、自我学习能力等，提高 FMS 系统的性能。

（4）重视人的因素

重视人的因素，完善适应先进制造系统的组织管理体系，将人与 FMS 以及非 FMS 生产设备集成为企业综合生产系统，实现人—技术—组织的兼容和人机一体化。

（5）应用范围逐步扩大

FMS 初期只是用于非回转体类零件的箱体类零件机械加工，通常用来完成钻、镗、铣及攻螺纹等工序。后来随着 FMS 技术的发展，FMS 不仅能完成其他非回转体类零件的加工，还可完成回转体零件的车削、磨削、齿轮加工，甚至拉削等工序。

从机械制造行业来看，现在 FMS 不仅能完成机械加工，而且还能完成钣金加工、锻造、焊接、装配、铸造和激光、电火花等特种加工，以及喷漆、热处理、注塑和橡胶模制等工作。从整个制造业所生产的产品看，现在 FMS 已不再局限于汽车、车床、飞机、舰船，还可用于计算机、半导体、服装、食品以及医药品和化工等产品的生产。从生产批量来看，FMS 已从中小批量应用向单件和大批量生产方向发展。

三、计算机集成制造系统

1.计算机集成制造系统的概念

计算机集成制造系统（Computer Integrated Manufacturing System，以下简称为 CIMS）含有两个基本观点：

（1）系统的观点

企业生产的各个环节，即从市场分析、产品设计、加工制造、经营管理到售后服务的全部生产活动是一个不可分割的整体，要紧密连接，统一考虑。

（2）信息化的观点

整个生产过程实质上是一个数据的采集、传递和加工处理的过程，最终形成的产品可以看作是数据的物质表现。

CIM 是一种组织、管理、企业生产的新哲理，它借助计算机软硬件，综合应用现代管理技术、制造技术、信息技术、自动化技术、系统技术，将企业生产全部过程中有关人、技术、经营管理三要素及其信息流与物质流有机地集成并优化运行，以实现产品高质、低耗、上市快、服务好的目标，从而使企业赢得市场竞争。

当前，CIM 被认为是企业用来组织生产的先进哲理和方法，是企业增强自身竞争能力的主要手段。在集成的环境下，生产企业通过连续不断的改进和完善，消除存在的薄弱环节，将合适的先进技术应用于企业内的所有生产活动，为企业提供竞争的杠杆，从而提高企业的竞争能力。

CIMS 是基于 CIM 哲理而组成的系统，是 CIM 思想的物理体现。CIMS 的核心在于集成，在于企业内的人、生产经营和技术这三者之间的信息集成，以便在信息集成的基础上使企业组成一个统一的整体，保证企业内的工作流程、物质流和信息流畅通无阻。

2.计算机集成制造系统的组成

CIMS 从系统功能角度看，是由生产经营管理信息系统、工程设计自动化系统、制造自动化系统和质量保证系统这四个功能分系统，以及计算机网络系统和数据库系统这两个支持分系统组成的。

（1）生产经营管理信息系统

生产经营管理信息系统是企业在管理领域中应用计算机的统称。它以 MRP-Ⅱ 或 ERP 为核心，从制造资源出发，考虑整个企业的经营决策、中短期生产计划、车间作业计划以及生产活动控制等，其功能覆盖了市场营销、物料供应、各级生产计划与控制、财务管理、成本、库存和技术管理等活动。生产经营管理信息系统是 CIMS 的神经中枢，指挥与控制着各个部分有条不紊地工作。

（2）工程设计自动化系统

工程设计自动化系统可以在产品开发过程中利用计算机技术，进行产品的概念设计、工程与结构分析、详细设计、工艺设计与数控编程。具体包括：产品设计（CAD）；工程分析（CAE）；工艺规划（CAPP）；夹具/模具设计；数控编程（包括刀具轨迹仿真等）。工程设计自动化系统是 CIMS 的主要信息源，为管理信息系统和制造自动化系统提供物料清单（BOM）和工艺规程等信息。

（3）制造自动化系统

制造自动化系统可以在计算机的控制与调度下，按照数控代码将一个毛坯加工成合格的零件，再装配成部件甚至产品，并将制造现场信息实时地反馈到相应部门。具体包括：车间控制器作业计划调度与监控；单元控制器作业调度与监控；工作站作业调度与监控；刀具/夹具/模具管理与控制；加工设备管理与控制；仓库管理与控制；物流系统的调度与监控；测量设备管理与控制、量具管理；清洗设备管理与控制等。

（4）质量保证系统

质量保证系统是采集、存储、处理与评价各种质量数据，对生产过程进行质量控制的系统。该分系统具体包括：计算机辅助检验（CAI）；计算机辅助测试（CAT）；计算机辅助质量控制（CAQC）等。

（5）数据库系统

数据库系统是一个支持各分系统并覆盖企业全部信息的系统。它在逻辑上是统一的，在物理上可以是分布的，以实现企业数据共享和信息集成。

（6）计算机网络系统

计算机网络系统是支持 CIMS 各个分系统集成的开放型网络通信系统，采用国际标准和工业标准规定的网络协议，可以实现异机互联、异构局部网络及多种网络的互联。以分布为手段，满足各应用分系统对网络支持服务的不同需求，支持资源共享、分布处理、分布数据库、分层递阶和实时控制。

CAD/CAPP/CAM 集成系统是 CIMS 的重要组成部分，CAD/CAPP/CAM 的信息集成是实现 CIMS 的基础与核心。

3.计算机集成制造系统的发展

在面向用户、面向产品的竞争和面向信息时代科学技术的发展战略下，CIMS 技术的发展趋势主要是集成化、数字化、智能化、敏捷化、网络化和绿色化。

（1）集成化

CIMS 已从企业内部的信息集成和功能集成发展到过程集成，并正在步入实现企业间集成的阶段。

（2）数字化

基于全数字化产品模型和仿真技术的虚拟制造技术将制造业带入数字化时代。

（3）智能化

智能化是指制造系统在柔性化和集成化基础上进一步的发展与延伸，它已从制造设备和单元加工过程智能化、工作站控制智能化发展到集成化智能制造和知识化制造。

（4）敏捷化

敏捷化是指制造企业通过组织动态联盟、重组其企业过程以及在更广泛范围内集成制造资源，以对不断变化的市场需求做出迅速响应。

（5）网络化

随着"网络全球化""市场全球化""竞争全球化"和"经营全球化"的出现，许多企业正积极采用"全球制造"和"网络制造"的策略。制造网络化体现在信息高速公路及集成基础设施支持下的网络制造系统。

（6）绿色化

绿色制造、环境意识的设计与制造、生态工厂和清洁化生产等概念是全球可持续发展战略在制造业中的体现。绿色制造是一种综合考虑环境影响和资源效率的现代制造模式。

第二章 典型表面的加工技术

机器零件的结构形状虽然多种多样，但都是由一些最基本的几何表面（外圆、孔、平面、曲面等）组成的。零件的加工过程就是获得这些零件上基本几何表面的过程。同一种表面，可选用加工精度、生产率和加工成本各不相同的加工方法进行加工。工程技术人员的任务就是根据具体的生产条件（如生产规模、设备状况、生产工人的技术水平等）选用最适当的加工方法，制定出最佳的加工工艺路线，加工出合乎图样要求的零件，并获得最好的经济效益。

第一节 外圆加工技术

外圆面是各种轴、套筒、盘类、大型筒体等回转体零件的主要表面，常用加工方法有车削、磨削和光整加工。

一、外圆车削

车外圆是车削加工中最常见、最基本和最有代表性的加工方法，是加工外圆表面的主要方法，既适用于单件、小批量生产，也适用于成批、大量生产。单件、小批量生产中常采用卧式车床加工；成批、大量生产中常采用转塔车床和自动、半自动车床加工；大尺寸工件常采用大型立式车床加工；复杂零件的高精度外圆宜采用数控车床加工。

车削外圆一般分为粗车、半精车、精车和精细车。

（1）粗车

粗车的主要任务是迅速切除毛坯上多余的金属层，通常采用较大的背吃刀量、较大的进给量和中速车削，以尽可能提高生产率。车刀应选取较小的前角、后角和负值的刃倾角，以增强切削部分的强度。粗车尺寸精度等级为 IT13～IT11，表面粗糙度 Ra 为 50～12.5 µm，故可作为低精度表面的最终加工和半精车、精车的预加工。

（2）半精车

半精车是在粗车之后进行的，可进一步提高工件的精度，降低表面粗糙度。它可作为中等精度表面的终加工，也可作为磨削或精车前的预加工。半精车尺寸精度等级为 IT10～IT9，表面粗糙度 Ra 为 6.3～3.2 µm。

（3）精车

精车一般是在半精车之后进行的。它可作为较高精度外圆的终加工，或作为光整加工的预加工，通常在高精度车床上加工以确保零件的加工精度和表面粗糙度符合图样要求。一般采用很小的切削深度和进给量，进行低速或高速车削。低速精车一般采用高速钢车刀，高速精车常用硬质合金车刀。车刀应选用较大的前角、后角和正值的刃倾角，以提高表面质量。精车尺寸精度等级为 IT8～IT6，表面粗糙度 Ra 为 1.6～0.2 µm。

（4）精细车

精细车所用车床应具有很高的精度和刚度。刀具采用金刚石或细晶粒的硬质合金，经仔细刃磨和研磨后可获得很锋利的刀刃。切削时，采用高的切削速度、小的背吃刀量和小的进给量。其加工精度可达 IT6 以上，表面粗糙度 Ra 在 0.4 µm 以下。精细车常用于高精度中、小型有色金属零件的精加工或镜面加工；因有色金属零件在磨削时产生的微细切屑极易堵塞砂轮气孔，使砂轮磨削性能迅速变坏，精细车也可用于加工大型精密外圆表面，以代替磨削，提高生产率。

值得注意的是，随着刀具材料的发展和进步，过去淬火后的工件只能用磨削加工方法的局面有所改变，特别是在维修等单件加工中，可以采用金刚石车刀、CBN 车刀或涂层刀具直接车削硬度达 62HRC 的淬火钢。

二、外圆磨削

磨削是外圆表面精加工的主要方法。它既能加工淬火的黑色金属零件，也可以加工不淬火的黑色金属和有色金属零件。外圆磨削根据加工质量等级分为粗磨、精磨、精密磨削、超精密磨削和镜面磨削。粗磨加工后工件的精度可达到 IT8～IT7，表面粗糙度 Ra 达 1.6～0.8μm；精磨后工件的精度可达 IT7～IT6，表面粗糙度 Ra 达 0.8～0.2μm。常见的外圆磨削应用如图 2-1 所示。

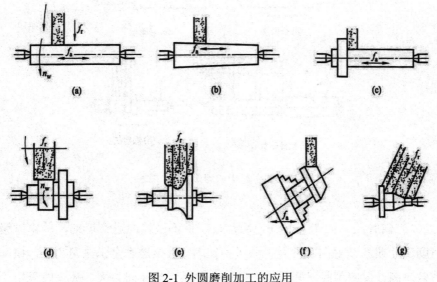

图 2-1 外圆磨削加工的应用

（一）普通外圆磨削

根据工件的装夹状况，普通外圆磨削方法分为中心磨削法和无心磨削法两类。

1.中心磨削法

工件以中心孔或外圆定位。根据进给方式的不同，中心磨削法又可分为以下几种磨削方法，如图 2-2 所示。

（1）纵磨法。如图 2-2（a）所示，磨削时工件随工作台做直线往复纵向进给运动，工件每往复一次（或单行程），砂轮横向进给一次。纵磨法由于走刀次数多，故生产率较低，但能获得较高的精度和较小的表面粗糙度，因而应用较广，适于磨削长度与砂轮宽度之比大于 3 的工件。

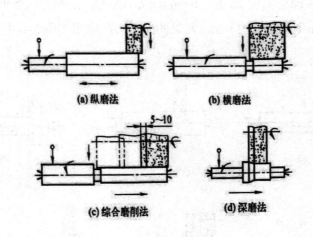

图 2-2 中心磨削方式

（2）横磨法。如图 2-2（b）所示，工件不做纵向进给运动，砂轮以缓慢的速度连续或断续地向工件做径向进给运动，直至磨去全部余量为止。横磨法生产效率高，但磨削时发热量大，散热条件差，且径向力大，故一般只用于大批量生产中磨削刚性较好、长度较短的外圆及两端都有台阶的轴颈。若将砂轮修整为成形砂轮，可利用横磨法磨削曲面，见图 2-1（e）、图 2-1（g）。

（3）综合磨法。如图 2-2（c）所示，先用横磨法分段粗磨被加工表面的全长，相邻段搭接处过磨 5～15 mm，留下 0.01～0.03 mm 的余量，然后用纵磨法进行精磨。此法兼有横磨法的高效率和纵磨法的高质量，适用于成批生产中刚性好、长度大、余量多的外圆面。

（4）深磨法。如图 2-2（d）所示，是一种生产率高的先进方法，磨削余量一般为 0.1～0.35 mm，纵向进给长度较小，为 1～2mm，适用于在大批大量生产中磨削刚性较好的短轴。

2.无心磨削法

如图 2-3 所示，无心磨削直接以磨削表面定位，用托板支持着放在砂轮与导轮之间进行磨削，工件的轴心线稍高于砂轮与导轮连线中心，无须在工件上钻出顶尖孔。磨削时，工件靠导轮与工件之间的摩擦力带动旋转，导轮采用摩擦因数大的结合剂（橡胶）制造。导轮的直径较小、速度较低（一般为 20～80 m/min）；而砂轮速度则大大高于导轮速度，是磨削的主运动，担负着磨削工件表面的重任。无心磨削操作简单、效率较高，易于自动加工，但机床调整复杂，故只适用于大批生产。无心磨削前工件的形状误差会影响磨削的加工精度，且不能改善加工表面与工件上其他表面的位置精度，也不能磨削有断续表面的轴。

根据工件是否需要轴向运动，无心磨削方法分为：

（1）通磨（贯穿纵磨）法。适用于不带台阶的圆柱形工件（图 2-3）；

（2）切入磨（横磨）法。适用于阶梯轴和有成形回转表面的工件（图 2-3）。

与中心磨相比，无心磨削具有以下工艺特征：

①无须打中心孔，且装夹工件省时省力，可连续磨削，故生产效率高；

②尺寸精度较好，但不能改变工件原有的位置误差；

③支承刚度好，刚度差的工件也可采用较大的切削用量进行磨削；

④容易实现工艺过程的自动化；

⑤有一定的圆度误差产生，圆度误差一般不小于 0.002 mm；

⑥所能加工的工件有一定局限，不能磨带槽（如有键槽、花键和横孔的工件），也不能磨内外圆同轴度要求较高的工件。

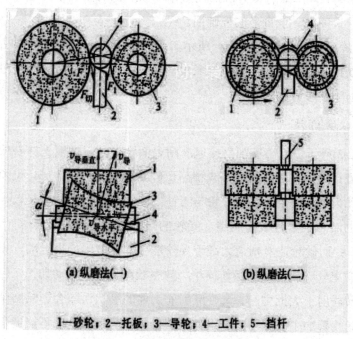

1—砂轮；2—托板；3—导轮；4—工件；5—挡杆

图 2-3 无心外圆磨削

（二）高效磨削

以提高效率为主要目的的磨削均属高效率磨削，简称高效磨削，其中以高速磨削、强力磨削、宽砂轮磨削和砂带磨削在外圆加工中较为常用。

1.高速磨削

是指砂轮速度大于 50 m/s 的磨削（砂轮速度低于 35 m/s 的磨削为普通磨削）。砂轮速度提高，增加了单位时间内参与磨削的磨粒数。如果保持每颗磨粒切去的厚度与普通磨削时一样，即进给量成比例增加，磨去同样余量的时间则按比例缩短；如果进给量仍与普通磨削相同，则每颗磨粒切去的切削厚度减少，提高了砂轮的耐用度，减少了修整次数。

2.强力磨削

是指采用较高的砂轮速度、较大的背吃刀量（背吃刀量一次可达 6 mm，甚至更大）和较小的轴向进给，直接从毛坯上磨出加工表面的方法。它可以代替车削和铣削进行粗加工，生产率很高。但要求磨床、砂轮及切削液供应均应与之相匹配。

3.宽砂轮和多砂轮磨削

宽砂轮与多砂轮磨削，实质上就是用增加砂轮的宽度来提高磨削生产率。一般外圆砂轮宽度仅有 50 mm 左右，宽砂轮外圆磨削时砂轮宽度可达 300 mm。

4.砂带磨削

砂带磨削是根据被加工零件的形状选择相应的接触方式，在一定压力下，使高速运动着的砂带与工件接触产生摩擦，从而使工件加工表面余量逐步磨除或抛磨光滑的磨削方法，如图 2-4 所示。

砂带是一种单层磨料的涂覆磨具，常用静电植砂工艺制造。砂带具有磨粒锋利、定向排布、容屑排屑空间大和一定的弹性，以及生产效率高、加工质量好、发热少、设备简单、应用范围广等特点，可用来磨削曲面，拥有"冷态磨削"和"万能磨削"的美誉，即使磨削铜、铝等有色金属也不覆塞磨粒，而且干磨也不烧伤工件。砂带磨削类型可有外圆、内孔、平面、曲面等。砂带可以是开式，也可以是环形闭式。外圆砂带磨削变通灵活，实施方便，结构布局见表 2-1，近年来获得了极大的发展，在一些发达国家，砂带磨削与砂轮磨削的材料磨除量已达到 1∶1。

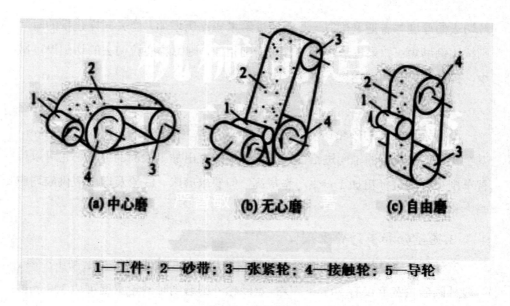

1—工件；2—砂带；3—张紧轮；4—接触轮；5—导轮

图 2-4 砂带磨削

表 2-1 外圆砂带磨削实施原理与结构方案布局

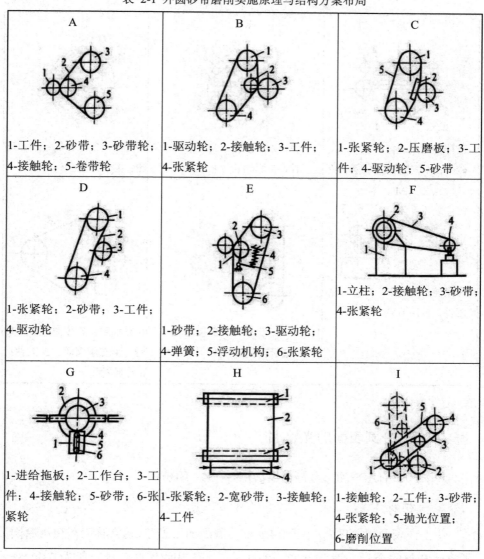

A	B	C
1-工件；2-砂带；3-砂带轮；4-接触轮；5-卷带轮	1-驱动轮；2-接触轮；3-工件；4-张紧轮	1-张紧轮；2-压磨板；3-工件；4-驱动轮；5-砂带
D	E	F
1-张紧轮；2-砂带；3-工件；4-驱动轮	1-砂带；2-接触轮；3-驱动轮；4-弹簧；5-浮动机构；6-张紧轮	1-立柱；2-接触轮；3-砂带；4-张紧轮
G	H	I
1-进给拖板；2-工作台；3-工件；4-接触轮；5-砂带；6-张紧轮	1-张紧轮；2-宽砂带；3-接触轮；4-工件	1-接触轮；2-工件；3-砂带；4-张紧轮；5-抛光位置；6-磨削位置

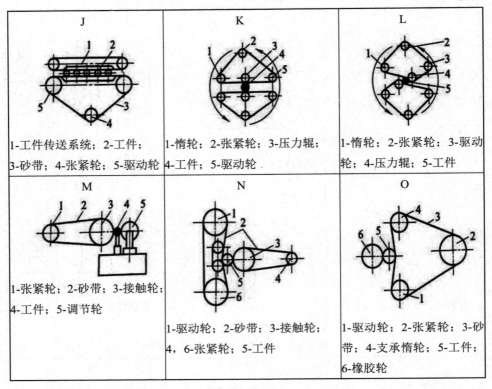

J	K	L
1-工件传送系统；2-工件；3-砂带；4-张紧轮；5-驱动轮	1-惰轮；2-张紧轮；3-压力辊；4-工件；5-驱动轮	1-惰轮；2-张紧轮；3-驱动轮；4-压力辊；5-工件
M	N	O
1-张紧轮；2-砂带；3-接触轮；4-工件；5-调节轮	1-驱动轮；2-砂带；3-接触轮；4，6-张紧轮；5-工件	1-驱动轮；2-张紧轮；3-砂带；4-支承惰轮；5-工件；6-橡胶轮

（三）外圆表面的光整加工

外圆表面的光整加工有高精度磨削、研磨、超精加工、抛光和滚压等方法。

1.高精度磨削

使工件表面粗糙度 Ra 小于 0.1 μm 的磨削加工工艺，通常称为高精度磨削。高精度磨削的余量一般为 0.02～0.05 mm，磨削时背吃刀量一般为 0.0025～0.005 mm。为了减小磨床振动，磨削速度应较低，一般取 15～30 m/s，Ra 值较小时速度取低值，反之则取高值。高精度磨削包括以下三种：

（1）精密磨削。精密磨削采用粒度为 60#～80# 的砂轮，并对其进行精细修整，磨削时微刃的切削作用是主要的，光磨 2～3 次使半钝微刃发挥抛光作用，表面粗糙度 Ra 可达 0.1～0.05μm。但磨削前 Ra 应小于 0.4μm。

（2）超精密磨削。超精密磨削采用粒度为 80#～240# 的砂轮进行更精细的修整，选用更小的磨削用量，半钝微刃的抛光作用增加，光磨次数取 4～6 次，可使表面粗糙度 Ra 达 0.025～0.012μm。磨削前 Ra 应小于 0.2μm。

（3）砂轮镜面磨削。镜面磨削采用微粉 W14～W5 树脂结合剂砂轮。精细修整后半钝微刃的抛光作用是主要的，将光磨次数增至 20～30 次，可使表面粗糙度 Ra 小于 0.012μm。磨削前 Ra 应小于 0.025μm。

2.研磨

研磨是在研具与工件之间置以半固态状研磨剂（膏），对工件表面进行光整加工的方法。研磨时，研具在一定压力下与工件做复杂的相对运动，通过研磨剂的机械和化学作用，从工件表面切除一层极微薄的材料，同时工件表面形成复杂网纹，从而达到很高的精度和很小的粗糙度值。

研磨剂（膏）由磨料、研磨液和辅助填料等混合而成，有液态、膏状和固态三种，以适应不同的加工需要，其中以研磨膏应用最为广泛。

磨料主要起切削作用，常用的有刚玉、碳化硅、金刚石等，其粒度在粗研时选 80#～120#，精研时选 150#～240#，镜面研磨用微粉级 W28～W0.5。

研磨液有煤油、全损耗系统用油、工业用甘油等，主要起冷却、润滑和充当磨料载体作用，并能使磨粒较均匀地分布在研具表面。

辅助填料可使金属表面生成极薄的软化膜，易于切除，常用的有硬脂酸、油酸等化学活性物质。

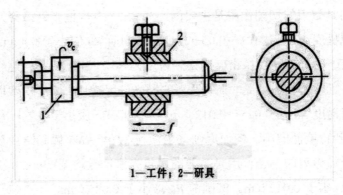

1—工件；2—研具

图 2-5 外圆的手工研磨

（1）手工研磨

如图 2-5 所示，外圆手工研磨采用手持研具或工件进行。例如在车床上研磨外圆时，工件装在卡盘或顶尖上，由主轴带动做低速旋转（20～30 r/min），研套套在工件上，用手推动研套做往复直线运动。手工研磨劳动强度大，生产率低，多用于单件、小批量生产。

（2）机械研磨

图 2-6 所示为研磨机研磨滚柱的外圆。机械研磨在研磨机上进行，一般用于大批量生产中，但研磨工件的形状受到一定的限制。

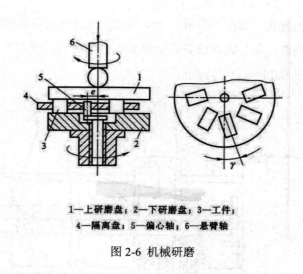

1—上研磨盘；2—下研磨盘；3—工件；
4—隔离盘；5—偏心轴；6—悬臂轴

图 2-6 机械研磨

研磨的工艺特点是：

①设备和研具简单，成本低，加工方法简便可靠，质量容易得到保证；

②研磨不能提高表面的相对位置精度，生产率较低，研磨的加工余量一般为 0.01～0.0 3mm；

③研磨后工件的形状精度高，表面粗糙度小，达 0.1～0.008μm，尺寸精度等级可达 IT6～IT3；

④研磨还可以提高零件的耐磨性、抗蚀性、疲劳强度和使用寿命，常用作精密零件的最终加工；

⑤研磨应用比较广，可加工钢、铸铁、铜、铝、硬质合金、陶瓷、半导体和塑料等材料的内外圆柱面、圆锥面、平面、螺纹和齿形等表面。

3.砂带镜面磨削抛光外圆

砂带镜面磨削抛光外圆分为闭式和开式两种方法。由于砂带的进步，现在已经有 400#～1000# 的闭式砂带直接用于 Ra 为 0.2μm 以下表面的干式镜面磨削，实施非常简单方便，可在车床上进行，见图 2-7。砂带磨头像车刀一样安装在刀台上，更换不同粒度的砂带可以达到不同的加工要求，对于较长工件，还可采用双磨头方式，实现"粗精"同步进行。目前市面可供应的有刚玉类和碳化硅磨料的砂带，具有成本低廉、工序少、设备简单、效率高、镜面效果好（Ra 可达 $0.01\sim0.05\,\mu m$）等特点。

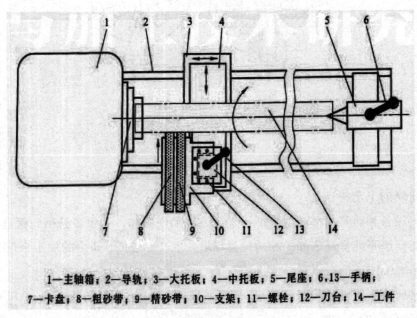

1—主轴箱；2—导轨；3—大托板；4—中托板；5—尾座；6,13—手柄；
7—卡盘；8—粗砂带；9—精砂带；10—支架；11—螺栓；12—刀台；14—工件

图 2-7 车床上砂带镜面磨削抛光外圆

另一类则采用开式金刚石砂带附加超声振动对外圆进行镜面抛光，见图 2-8。

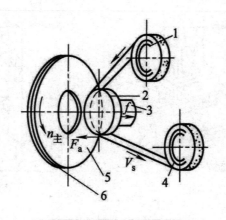

1—砂带轮；2—接触轮；3—振荡器；
4—卷带轮；5—工件；6—真空吸盘

图 2-8 开式砂带镜面抛光

附加的振动可以使磨粒在工件表面形成复杂的交叉网纹，达到极低的表面粗糙度（Ra 为 0.01μm），但效率比闭式低得多。

4.超精加工

如图 2-9 所示，超精加工是用极细磨粒 W60～W2 的低硬度的油石，在一定的压力下对工件表面进行加工的一种光整加工方法。加工时，装有油石条的磨头以恒定的压力 F（0.1～0.3 MPa）轻压于工件表面。工件做低速旋转（v=15～150 m/min），磨头做轴向进给运动（0.1～0.15 mm/r），油石做轴向低频振动（频率 8～35 Hz，振幅为 2～6 mm），且在油石与工件之间注入润滑油，以清除屑末并形成油膜。

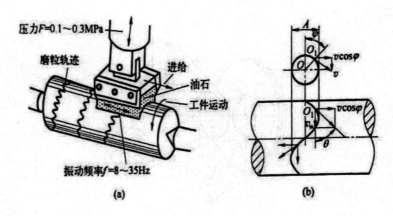

图 2-9 超精加工

超精加工的工艺特点是：

（1）设备简单，自动化程度较高，操作简便，对工人技术水平要求不高；

（2）切削余量极小（3～10 μm），加工时间短（30～60 s），生产率高；

（3）因磨条运动轨迹复杂，加工后表面具有交叉网纹，利于贮存润滑油，耐磨性好；

（4）超精加工只能提高加工面质量（Ra 为 0.1～0.008 μm），不能提高尺寸精度和形位精度。

超精加工主要用于轴类零件的外圆柱面、圆锥面和球面等的光整加工。

（四）外圆加工方法的选择

外圆加工方法的选择，除应满足图样技术要求之外，还与零件的材料、热处理要求、零件的结构、生产纲领及现场设备和操作者技术水平等因素密切相关。总的来说，一个合理的加工方案应既能经济地达到技术要求，还能满足高生产率的要求，因而其工艺路线的制定是十分灵活的。

一般来说，外圆加工的主要方法是车削和磨削。对于精度要求高、表面粗糙度值小的工件外圆，还需经过研磨、超精加工等才能达到要求；对某些精度要求不高但需光亮的表面，可通过滚压或抛光获得。常见外圆加工方案可以获得的经济精度和表面粗糙度见表 2-2，供选用参考。

表 2-2 外圆加工工艺路线方案

序号	加工方案	经济精度等级	表面粗糙度 $Ra/\mu m$	适用范围
1	粗车	IT14～IT12	50～12.5	适用于除淬火钢件外的各种金属和部分非金属材料
2	粗车—半精车	IT11～IT9	6.3～3.2	
3	粗车—半精车—精车	IT8～IT6	1.6～0.8	
4	粗车—半精车—精车—滚压（抛光）	IT7～IT6	0.8～0.4	
5	粗车—半精车—磨削	IT7～IT6	0.8～0.4	主要用于淬火钢，也可用于未淬火钢及铸铁
6	粗车—半精车—粗磨—精磨	IT6～IT5	0.4～0.2	
7	粗车—半精车—粗磨—精磨—超精加工	IT6～IT4	0.1～0.012	
8	粗车—半精车—精车—金刚石精细车	IT6～IT5	0.8～0.2	主要用于非铁金属
9	粗车—半精车—粗磨—精磨—高精度磨削	IT5～IT3	0.1～0.008	适用于极高精度的外圆加工
10	粗车—半精车—粗磨—精磨—研磨	IT5～IT3	0.1～0.008	

第二节 孔（内圆）加工技术

孔或内圆表面是盘、套、支架、箱体和大型筒体等零件的重要表面之一，也可能是这些零件的辅助表面。孔的机械加工方法较多。中、小型孔一般靠刀具本身尺寸来获得被加工孔的尺寸，如钻、扩、铰、锪、拉孔等；大、较大型孔则需采用其他方法，如立车、镗、磨孔等。

一、钻、扩、铰、锪、拉孔

（一）钻孔

用钻头在工件实体部位加工孔的方法称为钻孔。钻孔属于孔的粗加工，多用作扩孔、铰孔前的预加工，或加工螺纹底孔和油孔。精度等级为 IT14～IT11，表面粗糙度 Ra 为 50～1.6 μm。

钻孔主要在钻床和车床上进行，也常在镗床和铣床上进行。在钻床、镗床上钻孔时，由于钻头旋转而工件不动，在钻头刚性不足的情况下，钻头引偏就会使孔的中心线发生歪曲，但孔径无显著变化。而在车床上钻孔，因为是工件旋转而钻头不转动，这时钻头的引偏只会引起孔径的变化并产生锥度、腰鼓等缺陷，但孔的中心线是直的，且与工件回转中心一致（图 2-10）。故钻小孔和深孔时，为了避免孔的轴线偏移和不直，应尽可能在车床上进行。

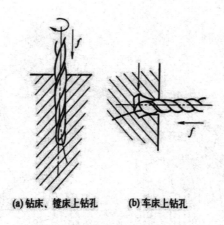

(a) 钻床、镗床上钻孔　　(b) 车床上钻孔

图 2-10 钻头引偏引起的加工

　　钻孔常用的刀具是麻花钻，其加工性能较差，为了改善其加工性能，目前已广泛应用群钻（图 2-11）。钻削本身的效率较高，但是由于普通钻孔需要划线、錾坑等辅助工序，使其生产率降低。为提高生产效率，在大批量生产中，钻孔常用钻模和专用的多轴组合钻床。也可采用新型自带中心导向钻的组合钻头（图 2-12），这种钻头可以直接在平面上钻孔，无须錾坑，非常适合数控钻削。对于深长孔加工，由于排屑、散热困难，宜采用冷却液内喷麻花钻（图 2-13）、错齿内排屑深孔钻、单刃外排屑深孔钻（枪钻）（图 2-14）、喷吸钻等特殊专用钻头。

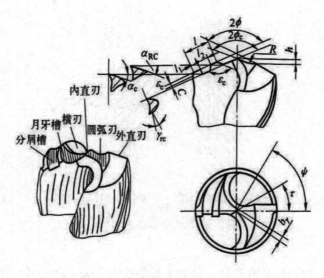

图 2-11　标准群钻结构

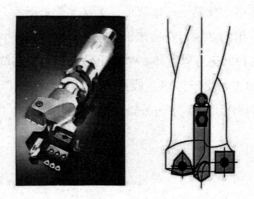

图 2-12　自带中心导向钻的组合钻头

图 2-13 冷却液内喷的麻花钻

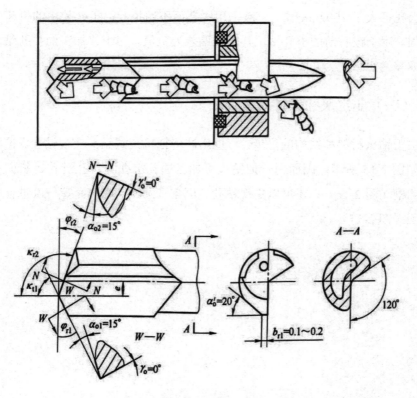

图 2-14 单刃外排屑深孔钻（枪钻）

55

（二）扩孔

扩孔是指用扩孔钻对已钻出、铸出、锻出或冲出的孔进行再加工，以扩大孔径并提高精度和减小表面粗糙度。扩孔精度可达 IT10～IT9，表面粗糙度 Ra 为 6.3～0.8 μm。扩孔属于孔的半精加工，常用作铰孔等精加工前的准备工序，也可作为精度要求不高的孔的最终工序。扩孔可以在一定程度上校正钻孔的轴线偏斜。扩孔的加工质量和生产率比钻孔高。因为扩孔钻的结构刚性好，刀刃数目较多，且无端部横刃，加工余量较小（一般为 2～4 mm），故切削时轴向力小，切削过程平稳，因此可以采用较大的切削速度和进给量。如采用镶有硬质合金刀片的扩孔钻，切削速度还可提高 2～3 倍，使扩孔的生产率进一步提高。当孔径大于 100 mm 时，一般采用镗孔而不用扩孔。扩孔使用的机床与钻孔相同。用于铰孔前的扩孔钻，其直径偏差为负值；用于终加工的扩孔钻，其直径偏差为正值。

（三）非定尺寸钻扩及复合加工

由于钻头材料和结构的进步，可以用同一把机夹式钻头实现钻孔、扩孔加工，如图 2-15 所示；因而用一把钻头可加工通孔沉孔、盲孔沉孔、斜面上钻孔及凹槽（图 2-16）；还可以实现钻孔、倒角（圆）、锪端面等一次进行的复合加工（图 2-17）。

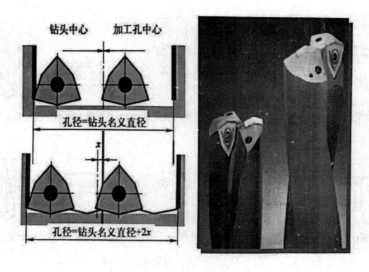

图 2-15 钻孔后偏移 x 实现扩孔的新型加工

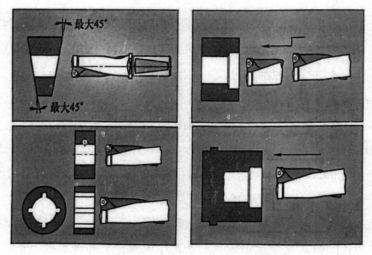

图 2-16 新型机夹式钻头的应用

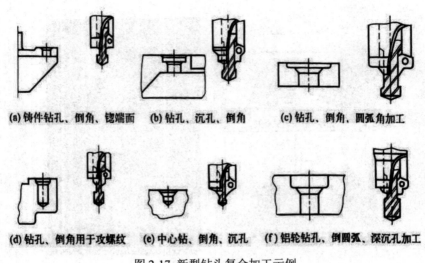

图 2-17 新型钻头复合加工示例

（四）铰孔

铰孔是在半精加工（扩孔或半精镗孔）基础上进行的一种孔的精加工方法。铰孔精度可达 IT8～IT6，表面粗糙度 Ra 为 1.6～0.4 μm。有手铰和机铰两种方式，在机床上进行的铰削称机铰，用手工进行的铰削称为手铰。

铰孔的加工余量小，一般粗铰余量为 0.15～0.35 mm，精铰余量为 0.05～0.15 mm。为避免产生积屑瘤和引起振动，铰削应采用低切速，一般粗铰 v=0.07～0.2 m/s，精铰 v=0.03～0.08 m/s。机铰进给量约为钻孔的 3～5 倍，一般为 0.2～1.2 mm/r，以防出现打滑和啃刮现象。铰削应选用合适的切削液，铰削钢件时常采用乳化液，铰削铸件时用煤油。

机铰刀在机床上常采用浮动连接。浮动机铰或手铰时，一般不能修正孔的位置误差，孔的位置误差应由铰孔前的工序来保证。铰孔直径一般不大于 80 mm，铰削也不宜用于非标准孔、台阶孔、盲孔、短孔和具有断续表面的孔。

（五）锪孔

用锪钻加工锥形或柱形的沉坑称为锪孔。锪孔一般在钻床上进行，加工后的表面粗糙度 Ra 为 6.3～3.2 μm。锪孔的主要目的是安装沉头螺钉，锥形锪钻还可用于清除孔端毛刺。

（六）拉孔

拉孔是一种高生产率的精加工方法，既可加工内表面，也可加工外表面，如图 2-18 所示。拉孔前工件需经钻孔或扩孔。工件以被加工孔自身定位并以工件端面为支承面，在一次行程中便可完成粗加工—精加工—光整加工等阶段的工作。拉孔一般没有粗拉工序、精拉工序之分，除非拉削余量太大或孔太深，用一把拉刀拉，拉刀太长，才分两个工序加工。

拉削速度低，每齿切削厚度很小，拉削过程平稳，不会产生积屑瘤；同时拉刀是定尺寸刀具，又有校准齿来校准孔径和修光孔壁，所以拉削加工精度高，表面粗糙度小。拉孔精度主要取决于刀具，机床的影响不大。拉孔的精度可达 IT8～IT6，表面粗糙度 Ra 达 0.8～0.4 μm。拉孔难以保证孔与其他表面间的位置精度，因此被拉孔的轴线与端面之间，在拉削前应保证有一定的垂直度。

如图 2-19 所示，拉刀刀齿尺寸逐个增大而切下金属的过程，可看作按高低顺序排列成队的多把刨刀进行的刨削。为保证拉刀工作时的平稳性，拉刀同时工作的齿数应在 2 个以上，但也不应大于 8 个，否则拉力过大可能会使拉刀断裂。由于受到拉刀制造工艺及拉床动力的限制，过小与特大尺寸的孔均不适宜于拉削加工。

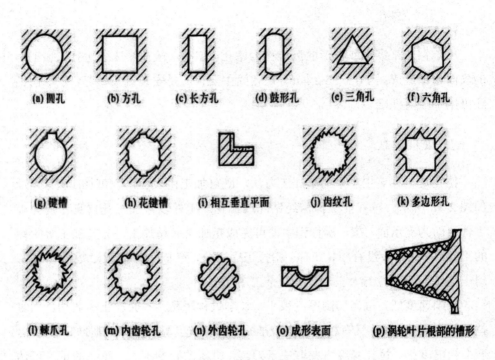

(a) 圆孔　　(b) 方孔　　(c) 长方孔　　(d) 鼓形孔　　(e) 三角孔　　(f) 六角孔

(g) 键槽　　(h) 花键槽　　(i) 相互垂直平面　　(j) 齿纹孔　　(k) 多边形孔

(l) 棘爪孔　　(m) 内齿轮孔　　(n) 外齿轮孔　　(o) 成形表面　　(p) 涡轮叶片根部的槽形

图 2-18　拉销加工的各种截面

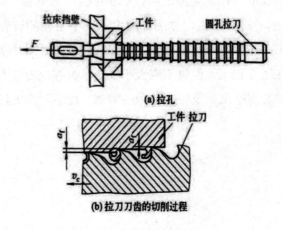

(a) 拉孔

(b) 拉刀刀齿的切削过程

图 2-19　拉孔及拉刀刀齿的切削过程

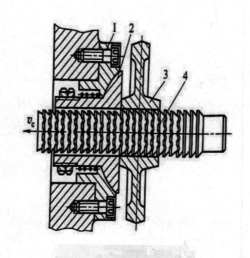

1—固定支承板；2—球面垫板；3—工件；4—拉刀

图 2-20 拉孔工件的支承

当工件端面与工件毛坯孔的垂直度不好时，为改善拉刀的受力状态，防止拉刀崩刃或折断，常采用在拉床固定支承板上装有自动定心的球面垫板作为浮动支承装置，如图 2-20 所示。拉削力通过球面垫板作用在拉床的前壁上。

拉刀结构复杂、排屑困难、价格昂贵、设计制造周期长，故一般用于成批大量生产中。

拉削不仅能加工圆孔，还可以加工成形孔、花键孔。由于拉刀是定尺寸刀具，形状复杂，价格昂贵，故不适合于加工大孔，在单件小批生产中使用也受限制。拉孔常用在大批大量生产中加工孔径为 8～125 mm、孔深不超过孔径 5 倍的中小件通孔。

二、镗孔

镗孔是用镗刀对已钻出、铸出或锻出的孔做进一步的加工。通过镗模或坐标装置，容易保证加工精度；镗孔工艺灵活性大、适应性强，可以在车床，也可以在镗床或铣床上进行；而镗床上还可实现钻、铣、车、攻螺纹工艺，见图2-21。

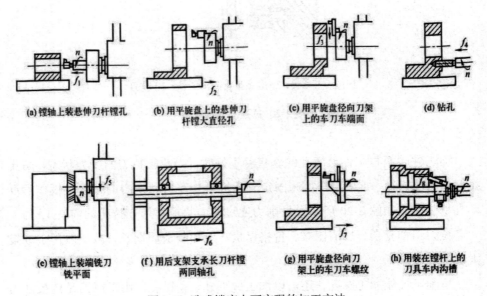

图 2-21 卧式镗床上可实现的加工方法

镗削的工作方式有以下三种：

（一）工件旋转，刀具做进给运动

在车床上镗孔属于这种方式，如图2-22（a）所示。车床镗孔是工件旋转，镗刀移动，孔径大小由镗刀的背吃刀量和走刀次数予以控制。车床镗孔多用于盘、套和轴件中间部位的孔以及小型支架的支承孔。

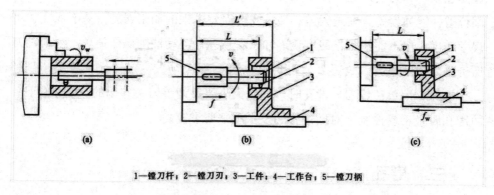

1—镗刀杆；2—镗刀刃；3—工件；4—工作台；5—镗刀柄

图 2-22 镗孔的几种运动方式

（二）工件不动而刀具做旋转和进给运动

如图 2-22（b）所示，这种加工方式在镗床上进行。镗床主轴带动镗刀杆旋转，并做纵向进给运动。由于主轴的悬伸长度不断加大，刚性随之减弱，为保证镗孔精度，故一般用来镗削深度较小的孔。

（三）刀具旋转，工件做进给运动

这种镗孔方法有以下两种方式：

（1）镗床平旋盘带动镗刀旋转，如图 2-21（b）所示，工作台带动工件做纵向进给运动，利用径向刀架使镗刀处于偏心位置，即可镗削大孔。孔径 200 mm 以上的孔多用此种方式加工，但孔深不宜过大。

（2）主轴带动刀杆和镗刀旋转，工作台带动工件做进给运动，如图 2-21（f）所示。这种方式镗削的孔径一般小于 120 mm。对于悬伸式刀杆，镗刀杆不宜过长，一般用来镗削深度较小的孔，以免弯曲变形过大而影响镗孔精度，可在镗床、卧式铣床上进行。刀杆较长时，用来镗削箱体两壁距离较远的同轴孔系。为了增加刀杆的刚性，另一端支承在镗床后立柱的导套座里。

对于孔径较大（>80 mm）、精度高和表面粗糙度较小的孔，可采用浮动镗刀加工，镗刀装入镗杆孔后，不用夹紧，靠两端的切削力来自动平衡刀具切削位置，能补偿刀具安装误差、主轴回转误差带来的加工误差，易于保证加工尺寸精度，但不能纠正直线度误差和位置误差。浮动镗削操作简单，浮动镗刀造价高，生产率高，故适用于大批量生产。

镗孔常用单刃镗刀，镗孔时，孔径大小要靠调整刀头伸出的长度来保证，故镗孔质量不易控制，对操作者的技术水平要求较高。

三、磨孔

（一）砂轮磨孔

砂轮磨孔是孔的精加工方法之一。磨孔的精度可达 IT8～IT6，表面粗糙度 Ra 达 1.6～0.4 μm。砂轮磨孔可在内圆磨床或万能外圆磨床上进行，如图 2-23 所示，磨削方式分为以下三类：

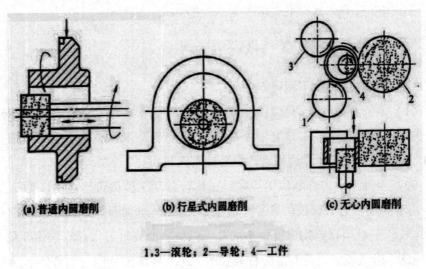

(a) 普通内圆磨削　　　(b) 行星式内圆磨削　　　(c) 无心内圆磨削

1,3—滚轮；2—导轮；4—工件

图 2-23　磨孔方式

（1）普通内圆磨削。工件装夹在机床上回转，砂轮高速回转并做轴向往复进给运动、径向进给运动，在普通内圆磨床上磨孔就是这种方式，如图 2-23（a）所示。

（2）行星式内圆磨削。工件固定不动，砂轮自转并绕所磨孔的中心线做行星运动和轴向往复进给运动，径向进给则通过加大砂轮行星运动的回转半径来实现，如图 2-23（b）所示。此种磨孔方式用得不多，只有在被加工工件体积较大、不便于做回转运动的条件下，才采用这种磨孔方式。

（3）无心内圆磨削。如图 2-23（c）所示，工件 4 放在滚轮中间，被滚轮 3 压向滚轮 1 和导轮 2，并由导轮 2 带动回转。导轮和滚轮安放在机床滑板上，可沿砂轮轴心线做轴向往复进给运动。这种磨孔方式一般只用来加工轴承圈等简单零件。

（二）砂带磨孔

对于内孔磨削，砂带磨削明显比砂轮磨削更具灵活性，可以解决许多让砂轮磨削无法实施的加工难题，加工材料也更为广泛，见表 2-3。

表 2-3 内圆（孔）砂带磨削结构布置与应用

磨削布置图	特点
1-工件座；2-磨头；3-导轮；4-工件；5-接触轮	采用浮动磨头可磨削 750 mm 以上的大型筒体及封头，效率是砂轮的 4 倍以上
1-工件；2-砂带；3-开槽橡胶轮	开螺旋槽橡胶轮在高速旋转时离心力让砂带张紧，并和工件内圆面紧贴，对中小直径孔进行磨抛
1-支杆；2-砂带；3-驱动轮；4-拉杆；5-张紧轮；6-接触轮；7-工件；8-定位块；9-压块	在立、卧车或专机上使用，砂带长，对孔径 80～300 mm 的孔精密加工，如用于气缸、液压缸、不锈钢油罐等
1-主动轮；2-砂带；3-工件；4-接触气囊；5-起刀架；6-压缩空气；7-张紧轮	开环砂带穿入孔后再结合成闭环，装于主动轮和张紧轮上，气囊将砂带贴压在内孔面上并做轴向进给，适用于孔径 25～300 mm 的深长孔的加工

磨削布置图	特点
1-接触轮；2-砂带；3-张紧轮；4-工件	磨头与伸缩臂沿工件轴向进给对内表面磨削
1-工件；2-磨头；3-刀杆；4-刀架	在大型卧车上安装磨头对孔径 300 mm 以上的中型孔磨抛，工件车削后直接磨削，不用再次装夹磨削，辅助时间少
1-张紧轮；2-弹簧；3-砂带；4，5-接触轮	两个接触轮对内圆同时磨削，两个接触轮都是圆弧形，并呈浮动连接，对孔径 400 mm 以上的孔加工，效率高
1-张紧轮；2-导轮；3-工件；4-支承环；5-砂带；6-驱动轮	先将砂带套入，后装入支承环使砂带紧贴内孔，工件回转，支承环由硬度不同的橡胶轮制作，对孔径 50～200 mm 的深孔精磨或抛光
1-砂带轮；2-工件；3-接触轮；4-卷带轮；5-砂带	开式砂带穿入内孔并缠绕于卷轮上，卷带轮带动砂带做低速磨削运动，工件回转速度较高，适用于孔径 25～300 mm 的深长孔的磨抛

续表

磨削布置图	特点
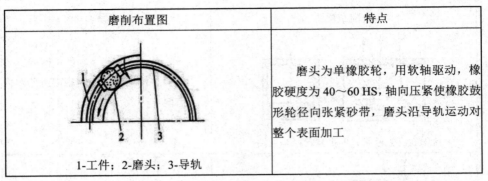 1-工件；2-磨头；3-导轨	磨头为单橡胶轮，用软轴驱动，橡胶硬度为 40～60 HS，轴向压紧使橡胶鼓形轮径向张紧砂带，磨头沿导轨运动对整个表面加工

四、孔的光整加工

（一）研磨孔

研磨孔是常用的一种孔光整加工方法，如图 2-24 所示，用于对精镗、精铰或精磨后的孔进一步加工。研磨孔的特点与研磨外圆类似，研磨后孔的精度可达 IT7～IT6，表面粗糙度 Ra 可达 0.1～0.008 μm，形状精度亦有相应提高。

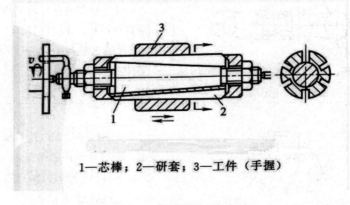

1—芯棒；2—研套；3—工件（手握）

图 2-24 套类零件孔的研磨

（二）珩磨孔

珩磨是研磨的发展，是磨削的特殊形式之一，它是利用带有磨条（油石）的珩磨头对孔进行光整加工的方法，常常对精铰、精镗或精磨过的孔进行光整加工，常用珩磨头在专用的珩磨机上进行。珩磨头的结构形式很多，图 2-25 所示是一种机械加压的珩磨头。本体 2 通过浮动联轴节和机床主轴连接，磨条 5 和磨条座 4 结合装入本体的槽中，磨条座两端由弹簧箍 1 箍住，使磨条经常向内收缩。珩磨头工作尺寸的调节依靠调节锥 6 实现，旋转螺母 7 使其向下时，就推动调节锥向下移动，通过顶块 3 使磨条径向张开而获得工作压力；旋转螺母 7 使其向上时，压力弹簧 8 便推动调节锥向上移，磨条受到弹簧箍的作用而收缩。这种磨头结构简单，但操作不便，只用于单件小批生产。大批量生产中常用压力恒定的气体或液体加压的珩磨头。珩磨时，工件固定在机床工作台上，主轴与珩磨头浮动连接并驱动珩磨头做旋转和往复运动，如图 2-26（a）所示。珩磨头上的磨条在孔的表面上切去极薄的一层金属，其切削轨迹呈交叉而不重复的网纹，有挂油、储油作用，减少滑动摩擦，如图 2-26（b）所示。

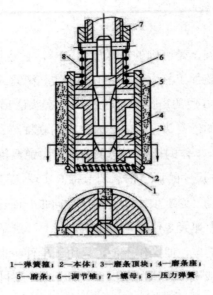

1—弹簧箍；2—本体；3—磨条顶块；4—磨条座；
5—磨条；6—调节锥；7—螺母；8—压力弹簧

图 2-25 珩磨头结构

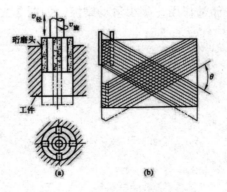

图 2-26 珩磨时的运动及切削轨迹

珩磨孔广泛用于大批量生产中，如加工内燃机的气缸、液压装置的油缸孔等。单件小批生产时可在立式钻床或改装的简易设备上利用珩磨头进行珩磨。

五、孔加工方法的选择

孔加工方法的选择与机床选用是密切联系的。

（一）加工方法的选择

孔加工常用的方案见表 2-4。拟定孔加工方案时，除一般因素外，还应考虑孔径大小和深径比。

表 2-4 孔加工方案

加工方案		尺寸公差等级	表面粗糙度 $Ra/\mu m$	适用范围	
钻削类	钻	IT14～IT11	50～12.5	用于任何批量生产中工件实体部位的孔加工	
铰削类	钻—铰	IT9～IT8	3.2～1.6	φ10 mm 以下	用于成批生产及单件小批生产中的小孔和细长孔加工。可加工不淬火的钢件、铸铁件和非铁金属件
	钻—扩—铰	IT8～IT7	1.6～0.8	φ10～80 mm	
	钻—扩—粗铰—精铰	IT7～IT6	1.6～0.4		
	粗镗—半精镗—铰	IT8～IT7	1.6～0.8	用于成批生产中φ30～80 mm 铸锻孔的加工	
拉削类	钻—拉，或粗镗—拉	IT8～IT7	1.6～0.4	用于大批大量生产中，加工不淬火的黑色金属和非铁金属件的中、小孔	
镗削类	（钻）—粗镗—半精镗	IT10～IT9	6.3～3.2	多用于单件小批生产中加工除淬火钢外的各种钢件、铸铁件和非铁金属件。以珩磨为终加工的，多用于大批大量生产，并可以加工淬火钢件	
	（钻）—粗镗—半精镗—精镗	IT8～IT7	1.6～0.8		
	（钻）—粗镗—半精镗—精镗—研磨	IT7～IT6	0.4～0.008		
	（钻）—粗镗—半精镗—精镗—珩磨	IT7～IT5	0.4～0.012		

加工方案		尺寸公差等级	表面粗糙度 $Ra/\mu m$	适用范围
镗磨类	（钻）—粗镗—半精镗—磨	IT8～IT7	0.8～0.4	用于淬火钢、不淬火钢及铸铁件的孔加工，但不宜加工韧性大、硬度低的非铁金属件
	（钻）—粗镗—半精镗—粗磨—精磨	IT7～IT6	0.4～0.2	
	（钻）—粗镗—半精镗—粗磨—精磨—研磨	IT7～IT6	0.2～0.008	

（二）机床的选用

对于给定精度和尺寸大小的孔，有时可在几种机床上加工实现。为了便于工件装夹和孔加工，保证质量并提高生产率，机床选用主要取决于零件的结构类型、孔在零件上所处的部位以及孔与其他表面位置精度等条件。

1.盘、套类零件

盘、套类零件中间部位的孔一般在车床上加工，这样既便于工件装夹，又便于在一次装夹中精加工孔、端面和外圆，以保证位置精度。若采用镗磨类加工方案，在半精镗后再转磨床加工；若采用拉削方案，可先在卧式车床或多刀半自动车床上粗车外圆、端面和钻孔（或粗镗孔）后再转拉床加工。

2.支架、箱体类零件

为了保证支承孔与主要平面之间的位置精度并使工件便于装夹，大型支架和箱体应在卧式镗床上加工；小型支架和箱体可在卧式铣床或车床（用花盘、弯板）上加工。支架、箱体上的螺钉孔、螺纹底孔和油孔，可根据零件大小在摇臂钻床、立式钻床或台式钻床上钻削。

3.轴类零件上各种孔加工的机床选用

除中心孔外，轴类零件带孔的情况较少，但有些轴件有轴向圆孔、锥孔或径向小孔。轴向孔的精度差异很大，一般均在车床上加工。

第三节 平面加工技术

平面是盘形和板形零件的主要表面，也是箱体、导轨、支架类零件的主要表面之一。平面加工的方法有车、铣、刨、磨、研磨和刮削等。

一、平面车削

平面车削一般用于加工轴、轮、盘、套等回转体零件的端面、台阶面等，也用于其他需要加工孔和外圆零件的端面，通常这些面要求与内、外圆柱面的轴线垂直，一般在车床上与相关的外圆和内孔在一次装夹中加工完成。中小型零件在卧式车床上进行，重型零件可在立式车床上进行。平面车削的精度可达 IT7～IT6，表面粗糙度 Ra 可达 12.5～1.6μm。

二、平面铣削

铣削是平面加工的主要方法。铣削中小型零件的平面，一般用卧式或立式铣床；铣削大型零件的平面则用龙门铣床。

铣削工艺具有工艺范围广、生产效率高、容易产生振动、刀齿散热条件较好等特点。

平面铣削按加工质量可分为粗铣和精铣。粗铣的表面粗糙度 Ra 为 50～12.5 μm，精度为 IT14～IT12；精铣的表面粗糙度 Ra 可达 3.2～1.6μm，精度可达

IT9～IT7。按铣刀的切削方式不同，平面铣削可分为周铣与端铣，还可同时进行周铣和端铣。周铣常用的刀具是圆柱铣刀；端铣常用的刀具是端铣刀；同时进行端铣和周铣的铣刀有立铣刀和三面刃铣刀等。

（一）周铣

周铣是用铣刀圆周上的切削刃来铣削工件，铣刀的回转轴线与被加工表面平行，如图 2-27（a）所示。周铣适于在中小批生产中铣削狭长的平面、键槽及某些曲面。周铣有顺铣和逆铣两种方式。

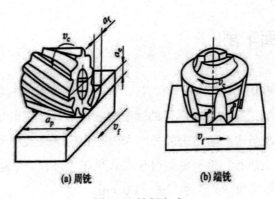

图 2-27 铣削方式

1.逆铣

铣削时，在铣刀和工作接触处，铣刀的旋转方向与工件的进给方向相反称为逆铣。刀齿从已加工表面切入，切削层由薄变厚，如图 2-28（a）所示。铣削过程中，在刀齿切入工件前，刀齿要在加工面上滑移一小段距离，从而加剧了刀齿的磨损，增加工件表层硬化程度，并增大加工表面的粗糙度。逆铣时有把工件向上挑起的切削垂直分力，影响工件夹紧，需加大夹紧力。但铣削时，水平切削分力有助于丝杠与螺母贴紧，消除丝杠与螺母之间间隙，使工作台进给运动比较平稳。

2.顺铣

铣削时，在铣刀和工件接触处，铣刀的旋转方向与工件进给方向相同时称为顺铣。刀齿从未加工表面切入，切削层由厚变薄，如图2-28（b）所示。顺铣过程中，刀齿切入时没有滑移现象，但切入时冲击较大。切削时垂直切削分力有助于夹紧工件，而水平切削分力与工件台移动方向一致，当这一切削分力足够大时，即 F_H>工作台与导轨间摩擦力时，会在螺纹传动副侧隙范围内使工作台向前窜动并短暂停留，严重时甚至引起"啃刀"和打刀现象。

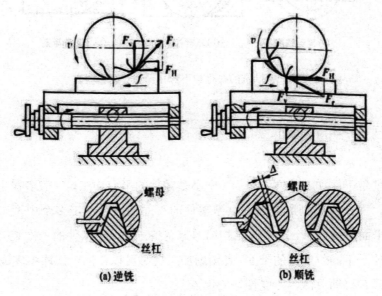

图 2-28 周铣方式

综上所述，逆铣和顺铣各有利弊。在切削用量较小（如精铣），工作表面质量较好或机床有消除螺纹传动副侧隙装置时，则采用顺铣为宜。另外，对不易夹牢和薄而长的工件，也常用顺铣。一般情况下，特别是加工硬度较高的工件时，则最好采用逆铣。

（二）端铣

端铣是用铣刀端面上的切削刃来铣削工件，铣刀的回转轴线与被加工表面垂直，如图 2-27（b）所示。端铣适于在大批生产中铣削宽大平面。端铣分为对称铣削和不对称铣削，不对称铣削还分为顺铣和逆铣，见图 2-29。

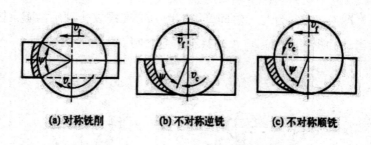

(a) 对称铣削　　　(b) 不对称逆铣　　　(c) 不对称顺铣

图 2-29 端铣的对称与不对称铣削（俯视图）

三、平面刨削

刨削是平面加工的方法之一。中小型零件的平面加工，一般多在牛头刨床上进行，龙门刨床则用来加工大型零件的平面和同时加工多个中型工件的平面。刨平面所用机床、工夹具结构简单，调整方便，在工件的一次装夹中能同时加工处于不同位置上的平面，且刨削加工有时可以在同一工序中完成，因此，刨平面具有机动灵活、万能性好的优点。

刨削可分粗刨和精刨。粗刨的表面粗糙度 Ra 为 50～12.5 μm，尺寸公差等级为 IT14～IT12；精刨的表面粗糙度 Ra 可达 3.2～1.6 μm，尺寸公差等级为 IT9～IT7。

宽刃精刨是在普通精刨基础上，使用高精度龙门刨床和宽刃精刨刀（图 2-30），以低切速和大进给量在工件表面切去一层极薄的金属。对于接触面积较大的定位平面与支承平面，如导轨、机架、壳体零件上的平面的刮研工作，劳动强度大，生产效率低，对工人的技术水平要求高。宽刃精刨工艺可以减少甚至完全取代磨削、刮研工作，在机床制造行业中获得了广泛的应用，能有效地提高生产率。宽刃精刨加工的直线度可达到 0.02 mm/m，表面粗糙度 Ra 可达 $0.8 \sim 0.4\ \mu m$。

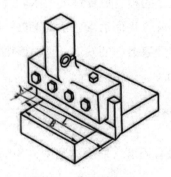

图 2-30 宽刃精刨刀

宽刃精刨具有以下特点：

（1）用宽刃刨刀，刨刃的宽度一般为 $10 \sim 60$ mm，有时可达 500 mm；

（2）切削速度极低（$5 \sim 12$ m/min），切削过程发热量小；

（3）切深极微，可以获得表面粗糙度很小的光整表面；生产效率比刮研高 $20 \sim 40$ 倍；

（4）宽刃精刨对机床、刀具、工件、加工余量、切削用量和切削液均有严格要求，应特别注意，具体采用时可参考有关技术手册。

四、平面拉削

平面拉削是一种高效率、高质量的加工方法，主要用于大批量生产中，其工作原理和拉孔相同。平面拉削的精度可达 IT7～IT6，表面粗糙度 Ra 可达 0.8～0.4 μm。

五、平面磨削

对一些平直度、平面之间相互位置精度要求较高，表面粗糙度要求高的平面进行磨削加工的方法，称为平面磨削。平面磨削一般在铣、刨、车削的基础上进行。随着高精度和高效率磨削的发展，平面磨削既可作为精密加工，又可代替铣削和刨削进行粗加工。

（一）平面砂轮磨削

平面砂轮磨削的方法有周磨（即周边磨削）和端磨（即端面磨削）两种。

1.周磨

周磨平面如图 2-31（a）所示，是指用砂轮的圆周面来磨削平面。砂轮和工件的接触面小，发热量小，磨削区的散热、排屑条件好，砂轮磨损较为均匀，可以获得较高的精度和表面质量。但在周磨中，磨削力易使砂轮主轴受弯变形，故要求砂轮主轴应有较高的刚度，否则容易产生振纹。此法适于在成批生产条件下加工精度要求较高的平面，能获得高的精度和较小的表面粗糙度，常用于各种批量生产中对中、小型工件进行精加工。小型零件可同时磨削多件，以提高生产率。

2.端磨

如图 2-31（b）所示，端磨是用砂轮的端面来磨削平面。但砂轮圆周直径不能过大，而且砂轮必须是专用端面磨削砂轮，普通的周磨砂轮是不能用于端磨的，否则容易爆裂。端磨时，磨头伸出短，刚性好，可采用较大的磨削用量，生产效率高。但砂轮与工件接触面积大，发热多，散热和冷却较困难，加上砂轮端面各点的圆周线速度不同，磨损不均匀，故精度较低。一般用于大批量生产中，代替刨削和铣削进行粗加工。

一般经磨削加工的两平面间的尺寸精度可达 IT6～IT5，两面的平行度可达 0.01～0.03 mm，直线度可达 0.01～0.03 mm/m，表面粗糙度 Ra 可达 0.8～0.2 μm。

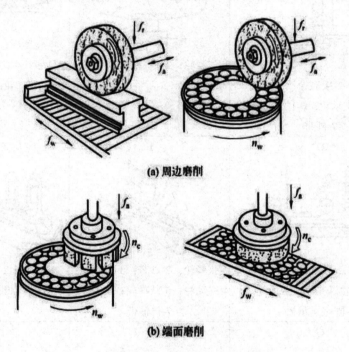

(a) 周边磨削

(b) 端面磨削

图 2-31 平面砂轮磨削的两种方式

（二）平面砂带磨削

对于有色金属、不锈钢、各种非金属（如石棉）大型平面、卷带材、板材，采用砂带磨削不仅不堵塞磨料，能获得极高的生产率，而且一般采用干式磨削，实施极为方便。目前最大的砂带宽度可以做到 5 m，在一次贯穿式的磨削中，可以磨出极大的加工表面（如电梯内装饰板）。砂带磨削平面的布局形式见表 2-5。

表 2-5 砂带磨削平面的布局形式

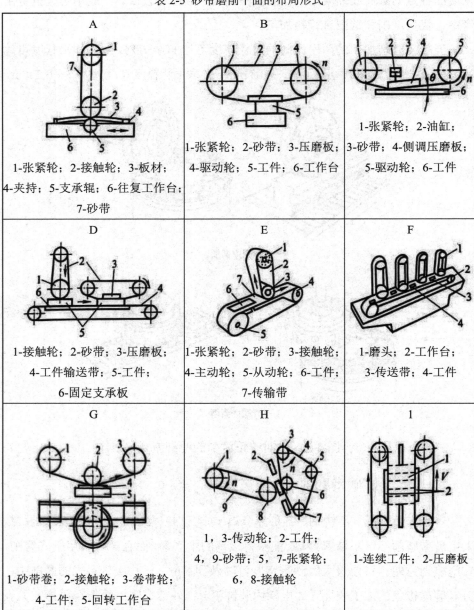

A	B	C
1-张紧轮;2-接触轮;3-板材;4-夹持;5-支承辊;6-往复工作台;7-砂带	1-张紧轮;2-砂带;3-压磨板;4-驱动轮;5-工件;6-工作台	1-张紧轮;2-油缸;3-砂带;4-侧调压磨板;5-驱动轮;6-工件
D	E	F
1-接触轮;2-砂带;3-压磨板;4-工件输送带;5-工件;6-固定支承板	1-张紧轮;2-砂带;3-接触轮;4-主动轮;5-从动轮;6-工件;7-传输带	1-磨头;2-工作台;3-传送带;4-工件
G	H	1
1-砂带卷;2-接触轮;3-卷带轮;4-工件;5-回转工作台	1,3-传动轮;2-工件;4,9-砂带;5,7-张紧轮;6,8-接触轮	1-连续工件;2-压磨板

J	K	L
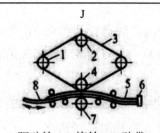	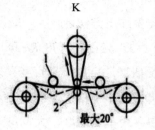	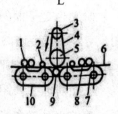
1-驱动轮；2-惰轮；3-砂带；4-接触轮；5-工件；6-夹具；7-压力辊；8-材料载体	1-压紧辊；2-压力辊	1-送料辊；2-压紧辊；3-张紧轮；4-砂带；5-接触轮；6-工件；7-转动轮；8-导板；9-支承导向辊；10-传送带

六、平面的光整加工

（一）平面刮研

平面刮研是利用刮刀在工件上刮去很薄一层金属的光整加工方法。刮研常在精刨的基础上进行，可以获得很高的表面质量。表面粗糙度 Ra 可达 1.6～0.4 μm，平面的直线度可达 0.01 mm/m，甚至更高（可达 0.005～0.0025 mm/m）。刮研既可提高表面的配合精度，又能在两平面间形成贮油空隙，以减少摩擦，提高工件的耐磨性，还能使工件表面美观。

刮研劳动强度大，操作技术要求高，生产率低，故多用于单件小批生产及修理车间。常用于单件小批生产中，对于加工未淬火的零件，要求高的固定连接面（如车床床头箱底面）、导向面（如各种导轨面）及大型精密平板和直尺等。在大批量的生产中，刮研多被专用磨床磨削或宽刃精刨所代替。

（二）平面研磨

研磨也是平面的光整加工方法之一，一般在磨削之后进行。研磨后两平面的尺寸精度可达 IT5～IT3，表面粗糙度 Ra 可达 0.1～0.008μm，直线度可达 0.005 mm/m。小型平面研磨还可减小平行度误差。

平面研磨主要用来加工小型精密平板、直尺、块规以及其他精密零件的平面。单件小批量生产中常用手工研磨，大批量生产中则常用机械研磨。

七、平面加工方法的选择

常用的平面加工方案见表 2-6。在选择平面的加工方案时，除了要考虑平面的精度和表面粗糙度要求外，还应考虑零件结构和尺寸、热处理要求以及生产规模等。

表 2-6 平面加工方案

加工方案	尺寸公差等级	表面粗糙度 $Ra/μm$	适用范围
粗车—精车	1T7～IT6	3.2～1.6	不淬火钢、铸铁和非铁金属件的平面。刨削多用于单件小批生产；拉削用于大批大量生产中，精度较高的小型平面
粗铣或粗刨	IT14～IT12	50～12.5	
粗铣—精铣	IT9～IT7	3.2～1.6	
粗刨—精刨	IT9～IT7	3.2～1.6	
粗拉—精拉	IT7～IT6	0.8～0.4	
粗铣（车、刨）—精铣（车、刨）—磨	IT6～IT5	0.8～0.2	淬火及不淬火钢、铸铁的中小型零件的平面
粗铣（刨）—精铣（刨）—磨—研磨	IT5～1T3	0.1～0.008	淬火及不淬火钢、铸铁的小型高精度平面

续表

加工方案	尺寸公差等级	表面粗糙度 $Ra/\mu m$	适用范围
粗刨—精刨—宽刀细刨	IT8～IT7	0.8～0.4	导轨面等
粗铣（刨）—精铣（刨）—刮研	IT7～1T6	1.6～0.4	高精度平面及导轨平面

第四节 曲（异型）面加工技术

　　有些机器零件的表面，不是简单的平面、圆柱面、圆锥面或它们的组合，而是复杂的表面。所有的复杂表面统称为曲面。随着科学技术的发展，机器的结构日益复杂，功能也日益多样化。在这些机器中，为了满足预期的运动要求或使用要求，具有曲面的零件也相应增多，这些零件不但具有复杂的几何形状，其加工精度和表面粗糙度一般也要求很高。

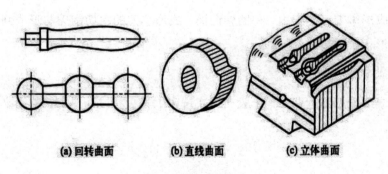

(a) 回转曲面　　　(b) 直线曲面　　　(c) 立体曲面

图 2-32 曲面的类型

曲面的种类很多，按照其几何特征，一般可分为以下三种类型：

（1）回转曲面

由一条母线（曲线）绕一固定轴线旋转而成，如滚动轴承内、外圈的圆弧滚道，手柄等。

（2）直线曲面

由一条直母线沿一条曲线平行移动而成。它可分为：

①外直线曲面，如冷冲模的凸模和凸轮等；

②内直线曲面，如冷却模的凹模型孔等。

（3）立体曲面

零件各个剖面具有不同的轮廓形状，如某些锻模、压铸模、注塑模、航空发动机叶轮、螺旋桨叶片等。

曲面加工方法已由手工或普通切削加工方法发展到采用数控加工、特种加工、精密铸造等多种加工方法。按成形原理，曲面加工可分为用成形刀具加工和用简单刀具加工两类。

（一）用成形刀具加工技术

刀具的切削刃按工件表面轮廓形状制造，加工时，刀具相对于工件做简单的直线进给运动。

1.曲面车削

用成形车刀可加工内、外回转曲面。成形车刀的主切削刃与形成回转曲面的母线形状一致。

2.曲面铣削

用成形铣刀铣削曲面，一般在卧式铣床上用盘状铣刀进行，常用来加工直线曲面。

3.曲面刨削

成形刨刀的结构与成形车刀结构相似。由于刨削的主运动为直线运动，刨削时有较大的冲击力，故一般用来加工形状简单的直线曲面。

4.曲面拉削

拉削可加工多种内、外直线曲面。加工质量好、生产率高，但拉削曲面的拉刀结构复杂，成本高，故宜用于成批、大量生产。

5.曲面磨削

利用修整好的成形砂轮，在外圆磨床上可以磨削回转曲面，如图 2-33（a）所示；在平面磨床上可以磨削外直线曲面，如图 2-33（b）所示。

利用砂带的柔性较好的特点很容易实施曲面的成形磨削，而且只需简单地更换砂带即可实现粗磨、精磨在一台装置上完成，而且磨削宽度可以很大，如图 2-34 所示。砂带磨削异型面常用结构布局如表 2-7 所示。

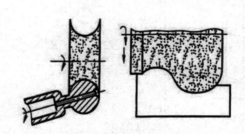

(a)成形砂轮磨削外球面　(b)成形砂轮磨削外曲面

图 2-33 成形砂轮磨削

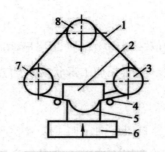

1—砂带；2—特形接触压块；3—主动轮；4—导轮；
5—工件；6—工作台；7—张紧轮；8—惰轮

图 2-34 砂带成型磨削

表 2-7 异型 （曲）面砂带磨削的方案与结构布局

加工方法	结构布局		说明
成形砂带磨削法	1-工件；2-张紧轮 3-成形接触轮；4-砂带；5-驱动轮；6-护罩	1-砂带；2-成形接触轮；3-主动轮；4-导轮；5-工件；6-工作台；7-张紧轮；8-惰轮	成形砂带磨削法适合于回转曲面工件加工。成形接触轮与工件表面形状相吻合。为了保证砂带在接触轮处的贴合，砂带在挠曲方向应有 $-7°\sim15°$ 的偏角
	1-张紧轮；2-砂带；3-工件；4-驱动轮	1-砂带；2-张紧轮；3-接触带；4-工件；5-驱动轮	自由接触带式成形砂带磨削法效率低，但其加工表面质量好，适合于精磨或抛光

续表

加工方法	结构布局		说明
展成磨削法	1-驱动轮；2-压板；3-张紧轮；4-工件	1-主动轮；2-砂带；3-张紧轮；4-支承轮；5-滚针；6-工件	砂带宽度应超过相应齿轮的宽度，齿轮无须做轴向运动，有效率高、表面质量好、加工精度高的特点。在特形面砂带磨削中，展成磨削法加工精度高
仿形磨削法	1-主动轮；2-砂带；3-支架；4-传动轮；5-靠模；6-夹具；7-导轮；8-工件（叶片）；9-平衡器；10-张力器；11-摇摆轮		采用成形接触靠模，使砂带和工件曲面相吻合。张力器通过杠杆机构使砂带始终张紧，磨削时工件（叶片）做仿形运动，从而加工出所需形状
数控磨削法	1-工件（凸轮）；2-接触轮；3-张紧轮；4-砂带	1-惰轮；2-张紧轮；3-砂带；4-驱动轮；5-工件（凸轮）；6-压磨板	工件（凸轮）轮廓的极坐标由计算机数字控制做进给运动。接触轮或压磨板的磨头位置固定。此法加工效率高，精度好，但设备较复杂，成本高

　　用成形刀具加工曲面，加工精度主要决定于刀具精度，且机床的运动和结构比较简单，操作简便，故易于保证同一批工件表面形状、尺寸的一致性和互换性。成形刀具是宽刃刀具，同时参加切削的刀刃较长，一次切削行程就可切

出工件的曲面，因而有较高的生产率。此外，成形刀具可重磨的次数多，所以刀具的寿命长。但成形刀具的设计、制造和刃磨都较复杂，刀具成本高。因此，用成形刀具加工曲面，适用于曲面精度要求高、零件批量大，且刚性好而曲面不宽的工件。

二、用简单刀具加工

（一）用手动控制进给加工曲面

加工时由人工操纵机床进给，使刀具相对工件按一定的轨迹运动，从而加工出曲面。这种方法不需要特殊的设备和复杂的专用刀具，曲面的形状和大小不受限制，但要求操作工人有较高的技术水平，且加工质量不高，劳动强度大，生产率低，只适宜在单件小批生产中加工精度不高的工件，或作为曲面的粗加工。

1.回转曲面的加工

对回转曲面，需要按曲面的轮廓制一套（一块或几块）样板。加工过程中不断用样板进行检验，以便做相应的修正，直到曲面各部分完全与样板吻合为止。此法一般在卧式车床上进行，如图 2-35 所示。

2.直线曲面的加工

将曲面轮廓形状划在工件相应的端面上，人工操纵机床进给，使刀具沿划线进行加工。一般在立式铣床上进行加工。

（二）用靠模装置加工曲面

1.机械靠模装置

图 2-36 为车床上用靠模法加工手柄，将车床中滑板上的丝杠拆去，将拉

杆固定在中滑板上,其另一端与滚柱连接,当大滑板做纵向移动时,滚柱沿着靠模的曲线槽移动,使车刀做相应的移动,车出手柄曲面。

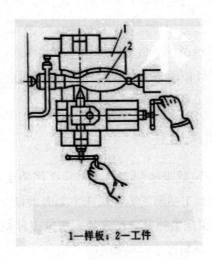

1—样板;2—工件

图 2-35 双手操作加工曲面

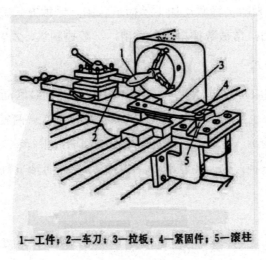

1—工件;2—车刀;3—拉板;4—紧固件;5—滚柱

图 2-36 用靠模车削曲面

2.随动系统靠模装置

随动系统靠模装置是以发送器的触点（靠模销）接受靠模外形轮廓曲线的变化作为信号，通过放大装置将信号放大后，再由驱动装置控制刀具做相应的仿形运动。

按触发器的作用原理不同，仿形装置可分为液压式、电感式仿形等多种。按机床类型不同，主要有仿形车床和仿形铣床。仿形车床一般用来加工回转曲面，仿形铣床可用来加工直线曲面和立体曲面。

（三）用数控机床加工

数控机床通过数控装置来控制刀具与工件之间特定的相对运动来完成切削加工。用切削方法来加工曲面的数控机床主要有数控车床、数控铣床、数控磨床和加工中心等。按机床数控装置所能控制机床坐标系联动插补的坐标轴数量，可将数控机床加工分为以下几种类型：

1.两坐标联动加工

图 2-37（a）为两坐标联动加工手柄示意图。这种方式适宜于加工精度要求较高的回转曲面，常被数控车床所采用，一般控制 X、Z 坐标做联动插补。

2.两轴半加工

所谓两轴半加工，是指 X、Y、Z 三轴中任意两轴做联动插补，第三轴做单独的周期进刀，也称为二轴半加工、两轴半联动加工。两轴半联动加工适宜于加工平面曲线轮廓，它是由一条直母线沿平面曲线平行移动而成，是直线曲面中较为简单的一种，如凸轮轮廓。图 2-37（b）为两轴半数控机床加工凸轮轮廓示意图。

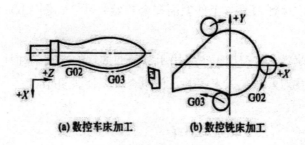

(a) 数控车床加工　　　(b) 数控铣床加工

图 2-37 数控机床加工

3.三坐标联动加工

三坐标联动是指 X、Y、Z 三轴可同时插补联动。用三坐标联动加工曲面在立式铣床上用球头铣刀进行，如图 2-38 所示。

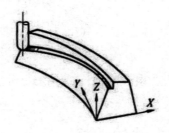

图 2-38 三坐标联动加工

4.四、五坐标联动加工

四坐标联动加工除了 X、Y、Z 三轴联动插补外，还能同时有一个旋转坐标（可以是 A、B、C 中任意一个）联动。五坐标数控机床的五个坐标则一般是 X、Y、Z，以及 A、B、C 中的任意两个。

四、五坐标数控加工种类主要有侧铣加工和端铣加工两类。如图 2-39 所示，图（a）为四坐标侧铣加工直纹面。刀具除沿三个线性轴运动外，还绕 X

轴做摆角联动，保证刀具与工件型面在全长始终贴合。图（b）为五坐标联动加工。

四、五坐标端铣数控加工主要用于复杂曲面，如螺旋桨叶片。这种加工方式的刀具轨迹及刀具与加工表面的几何拟合关系比较复杂。

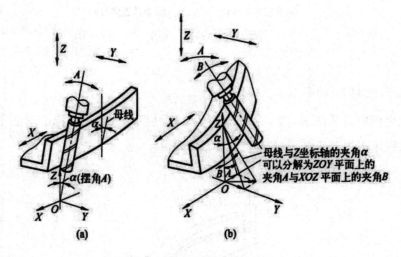

图 2-39 四、五坐标数控加工

三、曲面加工方法的选择

曲面的加工方法很多，常用的加工方法详见表 2-8。对于具体零件的曲面，应根据零件的尺寸、形状、精度及生产批量等来选择加工方案。

表 2-8 曲面的常用加工方法

加工方法			加工精度	表面粗糙度 Ra	生产率	机床	适用范围
曲面的切削加工	成形刀具	车削	较高	较小	较高	车床	成批生产尺寸较小的回转曲面
		铣削	较高	较小	较高	铣床	成批生产尺寸较小的外直线曲面
		刨削	较低	较大	较高	刨床	成批生产尺寸较小的外直线曲面
		拉削	较高	较小	高	拉床	大批大量生产各种小型直线曲面
	简单刀具	手动进给	较低	较大	低	各种普通机床	单件小批生产各种曲面
		靠模装置	较低	较大	较低	各种普通机床	成批生产各种直线曲面
		仿形装置	较高	较大	较低	仿形机床	单件小批生产各种曲面
		数控装置	高	较小	较高	数控机床	单件及中、小批生产各种曲面
曲面的磨削加工	成形砂轮磨削		较高	小	较高	平面、工具、外圆磨床	成批生产外直线曲面和回转曲面
	成形夹具磨削		高	小	较低	成形、平面磨床，成形磨削夹具	单件小批生产外直线曲面
	砂带磨削		高	小	高	砂带磨床	各种批量生产外直线曲面和回转曲面
	连续轨迹数控坐标磨削		很高	很小	较高	坐标磨床	单件小批生产内外曲面

小型回转体零件上形状不太复杂的曲面，在大批量生产时常用成形车刀在自动或者半自动车床上加工；批量较小时，可用成形车刀在卧式车床上加工。直槽和螺旋槽等一般可用成形铣刀在万能铣床上加工。

在大批量生产中，为了加工一些直线曲面和立体曲面，常常专门设计和制造专用的拉刀或专门化机床，例如加工凸轮轴上的凸轮用凸轮轴车床、凸轮轴磨床等。

对于淬硬的曲面，如要求精度高、表面粗糙度小，则其精加工要采用磨削，甚至要用光整加工。

通用机床较难加工，质量也难以保证，甚至有无法加工的曲面，宜采用数控机床加工或其他特种加工。

第五节 螺纹加工

螺纹的应用非常广泛，可作连接、紧固、传动和调整之用。螺纹的加工方法很多，有车削、铣削、攻螺纹和套螺纹、滚压及磨削等。

一、车削螺纹

（一）单齿形车刀车削内、外螺纹

在卧式车床和丝杠车床上用螺纹车刀车削螺纹时，螺纹的廓形由车刀的刃形所决定，而螺距则是依靠调整机床的运动来保证的。这种方法刀具简单、适应性广、不需要专用设备，但生产率不高，主要用于单件小批生产。

（二）多齿形车刀（梳刀）车削螺纹

在成批生产中，常采用各种螺纹梳刀车削螺纹。梳刀实质上是多齿的螺纹车刀，一般有 6～8 个刀齿，分为车削和校准两部分，如图 2-40 所示。切削部分有切削锥，担负主要切削工作；校准部分廓形完整，起校准作用。由于有了切削锥，切削负荷均匀地分配在几个齿上，刀具磨损均匀，一般一次进给便能成形，生产率较高。但加工不同螺距、头数、牙形角的螺纹时，必须更换相应的梳刀，因此它只适应成批生产。螺纹梳刀分平体、棱体和圆体三种形式，见图 2-41，其中圆体螺纹梳刀用得最多。

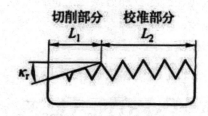

图 2-40 螺纹梳刀的刀齿

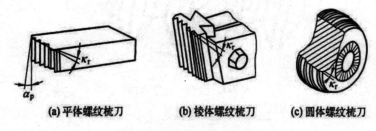

(a) 平体螺纹梳刀　　　(b) 棱体螺纹梳刀　　　(c) 圆体螺纹梳刀

图 2-41 螺纹梳刀的刀体形式

二、铣削螺纹

螺纹的铣削加工多用于加工大直径的梯形螺纹和模数螺纹，现代制造中，越来越多的普通螺纹加工也在数控铣床上完成。与车削相比，铣削有精度较低、表面粗糙度较大、生产率较高等特点，常在大批大量生产中作为螺纹的粗加工或半精加工。

（一）盘形铣刀铣削螺纹

在普通万能铣床上用盘形螺纹铣刀铣削梯形螺纹如图 2-42 所示。工件安装在分度头与顶尖上，调整刀轴使其处于水平位置，并与工件轴线成螺纹升角 ϕ。铣刀高速旋转，工件在沿轴向移动一个导程的同时需旋转一周。这一运动关系可以通过工作台纵向进给丝杠和分度头之间的挂轮予以保证。若铣削多线螺纹，可利用分度头分线，依次铣削各条螺纹。

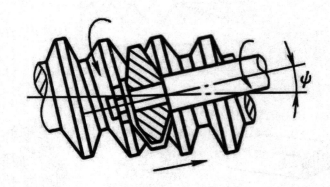

图 2-42　盘铣刀铣削螺纹

在专用螺纹铣床上铣螺纹，方法与上述类似，只是工件旋转一周时，由刀具沿工件轴向移动一个导程。其加工精度比用普通铣床铣削略高。

（二）旋风法铣削螺纹

旋风法铣削螺纹，常在改装的车床上进行。如图 2-43 所示，工件装在车床的卡盘或顶尖上，做低速转动（4～25 r/min），装有 1～4 个刀头的旋风刀盘安装在车床的横向滑板上，靠专用电动机带动，以 1 000～1 600 r/min 的高速旋转。工件旋转一周时，刀盘纵向移动一个导程。刀盘轴线与工件轴线成螺纹升角 ϕ，两者旋转中心有一偏心距，使刀头只在 A—A 圆周上接触工件，每个刀头仅切去一小片金属，刀刃在工作时得到充分的冷却。因此，一般都为一次进给完成加工，生产率较盘形铣刀铣削高 3～8 倍。但铣头调整较麻烦，加工精度不太高，主要用于大批量生产螺杆或作为精密丝杠的粗加工。

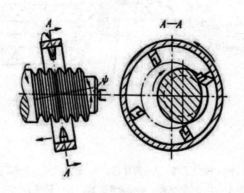

图 2-43 旋风法铣削螺纹

三、攻螺纹和套螺纹

内螺纹加工常用丝锥攻制，外螺纹用板牙加工。攻螺纹和套螺纹多用于手工操作，亦可利用螺纹夹头在车床或钻床及专用机床上进行。与套螺纹相比，攻螺纹的应用要普遍得多。对于小尺寸的内螺纹，攻螺纹几乎是唯一有效的方法。

在车床上使用的攻螺纹夹头如图 2-44 所示。将其装在车床尾架套筒的锥孔中，丝锥由压紧螺母通过四粒钢珠压紧在摩擦杆上，摩擦杆右端台肩的两端面分别垫有尼龙垫片。适当调节螺塞，摩擦杆即受到一定的压紧力，可防止摩擦杆随工件转动；但当切削力过大时，又可以随工件转动而在尼龙垫之间打滑，从而防止乱扣和折断丝锥。攻螺纹时工件低速旋转，丝锥只轴向移动而不转动。工具体与柄部为间隙配合，轴向槽中插入螺钉，以使工具体不随工件转动，而只随丝锥沿工件轴向自由进给。在车床上使用这种攻螺纹夹头，主要用来对盘套类零件轴线上的小螺孔进行攻螺纹。

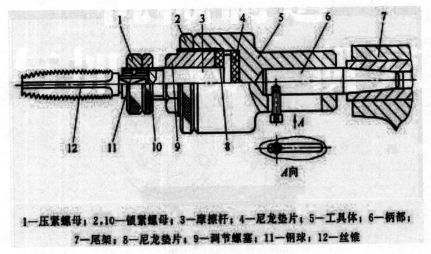

1—压紧螺母；2,10—锁紧螺母；3—摩擦杆；4—尼龙垫片；5—工具体；6—柄部；
7—尾架；8—尼龙垫片；9—调节螺塞；11—钢球；12—丝锥

图 2-44 攻螺纹夹头

箱体等零件上的小螺孔，在单件小批生产时，多用手工攻螺纹；成批生产或大批量生产时，可用上述攻螺纹夹头在普通钻床上或专用组合机床上攻螺纹。

四、无屑螺纹加工

无屑螺纹加工法，是利用压力加工方法（搓螺纹、滚螺纹）使金属产生塑性变形而形成各种圆柱形或圆锥形螺纹。由于滚压后，工件材料纤维未被切断，所以成品的力学、物理性能比切削加工好。滚压加工生产率高，可节省金属材料，工具耐用度高，因此适用于大批量生产。

（一）搓削螺纹（搓螺纹）

如图 2-45 所示，搓削螺纹时，工件放在固定搓螺纹板（静板）与活动搓螺纹板（动板）之间。两搓螺纹板的平面上均有斜槽，其截面形状与待搓螺纹的牙型相符。当活动搓螺纹板移动时，即在工件表面挤压出螺纹。搓螺纹的最大直径为 25 mm，精度可达 5 级，表面粗糙度 Ra 为 1.6～0.8 μm。

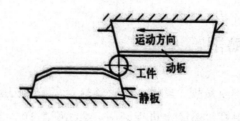

图 2-45 搓螺纹原理

（二）滚压螺纹（滚螺纹）

如图 2-46 所示，螺纹滚轮外圆周上具有与工件螺纹截面形状完全相同但旋向相反的螺纹。滚螺纹时工件放在两个滚丝轮之间。两滚丝轮同向等速旋转，带动工件旋转，同时一滚丝轮向另一滚丝轮做径向进给，从而逐渐挤压出螺纹外形。

滚螺纹的工件直径范围为 0.3～120 mm，表面粗糙度 Ra 为 0.8～0.2 μm。滚螺纹生产率较搓螺纹低，可用来滚制螺钉、丝锥等。利用三个或两个滚轮，并使工件做轴向移动，可滚制丝杠。

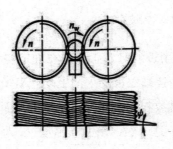

图 2-46 螺纹滚压原理

五、螺纹磨削

精密螺纹，如螺纹量规、丝锥、精密丝杠及齿轮滚刀等的螺纹，在车削或铣削之后，需在专用螺纹磨床上进行磨削。螺纹磨削有单线砂轮磨削和多线砂轮磨削两种，单线砂轮磨削的应用较为普遍。

单线砂轮磨削如图 2-47 所示，砂轮轴线相对于工件轴线倾斜一个螺纹升角 φ，经修整后，砂轮在螺纹轴向截面上的形状与螺纹的牙槽相吻合。磨削时，工件装在螺纹磨床的前、后顶尖之间，工件每转一周，同时沿轴向移动一个导程。砂轮高速旋转，并在每次磨削行程之前做径向进给，经多次行程完成加工。对于螺距小于 1.5 mm 的螺纹，可不经预加工，采用较大的背吃刀量和较小的工件进给速度，经一次或两次行程直接磨出螺纹。

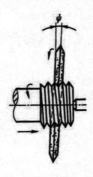

图 2-47 单线砂轮磨削螺纹

第六节 渐开线齿面加工

　　齿轮是用来传递运动和动力的重要零件，在各种机器和仪器中应用非常普遍。齿轮结构形式较多，其中渐开线直齿圆柱齿轮应用最广，本节主要介绍这类齿轮的齿面加工。

　　按齿面形成的原理不同，齿面加工方法可以分为两类：一类是成形法，用与被切齿轮齿槽形状相符的成形刀具切出齿面，如铣齿、拉齿和成型磨齿等；另一类是展成法，齿轮刀具与工件按齿轮副的啮合关系做展成运动，工件的齿面由刀具的切削刃包络而成，如滚齿、插齿、剃齿、磨齿和珩齿等。

一、成形法

　　这里仅介绍铣齿。铣齿是指用齿形铣刀在铣床上加工齿面的方法，如图 2-48 所示。齿形铣刀有盘状和指状两种，模数 m≤8 mm 的齿轮，一般用盘状齿形铣刀在卧式铣床上加工；m>8 mm 的齿轮，通常用指状齿形铣刀在立式铣床上加工。铣齿精度较低，仅能达到 9 级，表面粗糙度 Ra 为 6.3～3.2 μm，且生产效率低。但铣齿不需专用的齿轮加工设备，而且齿轮铣刀结构简单，价格便宜。铣齿一般用在单件或修配生产中，制造低速、低精度齿轮。

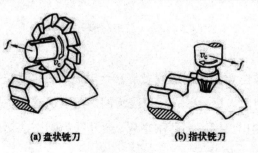

(a) 盘状铣刀　　　　　(b) 指状铣刀

图 2-48 铣齿

二、展成法

生产中，齿轮齿面加工常用展成法。展成法加工齿轮齿面较成形法的铣齿生产效率高，加工精度高。加工齿轮齿面的展成法主要有插齿和滚齿。对于重要场合下使用的齿轮，在进行插齿或滚齿后还必须再精加工。常用的齿面精加工方法有剃齿、珩齿及磨齿。

（一）齿面粗加工

1.滚齿

滚齿是指用齿轮滚刀在滚齿机上加工齿轮齿面的方法。其加工精度可达IT8～IT7 级，齿面粗糙度 Ra 为 3.2～1.6μm。

滚齿加工是按照展成法的原理来加工齿轮的。用滚刀来加工齿轮相当于一对交错轴的螺旋齿轮啮合，如图 2-49 所示。

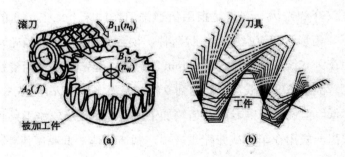

图 2-49 滚齿原理与滚齿运动

在齿轮滚刀按给定的切削速度做旋转运动时，工件则按齿轮齿条啮合关系传动，在齿坯上切出齿槽，形成渐开线齿面，在滚切过程中分布在滚刀螺旋线上的各刀齿相继切出齿槽中一薄层金属，渐开线齿廓则由切削刃一系列瞬时位置包络而成，如图 2-50 所示。

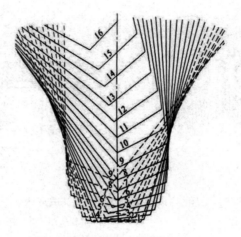

图 2-50 渐开线的包络图形

为了得到渐开线齿廓和齿轮齿数，滚齿时，滚刀和工件之间必须保持严格的相对运动关系，即当滚刀转过 1 转时，工件相应地转过 K 个齿（K 为滚刀头数）。

滚齿加工适于加工直齿、斜齿圆柱齿轮和蜗轮；但不能加工内齿轮、扇形齿轮和相距很近的多联齿轮。

2.插齿

插齿是指用插齿刀在插齿机上加工齿轮齿面的方法。插齿过程相当于一对圆柱齿轮的啮合，插齿刀相当于一个端面磨有前角、齿顶及齿端磨有后角的变位齿轮，如图 2-51 所示。

插齿的主要运动有：主运动、展成运动（分齿运动）、径向进给运动、让刀运动。在加工过程中，需保持插齿刀和工件的正确啮合关系，即刀具转过一个齿，工件也应准确地转过一个齿。插齿刀每往复一次，仅切出工件齿槽很小一部分，工件齿槽的齿面曲线由插齿刀切削刃多次切削的包络线所形成。其加工精度可达 IT8～IT7 级，齿面粗糙度 Ra 可达 1.6μm。

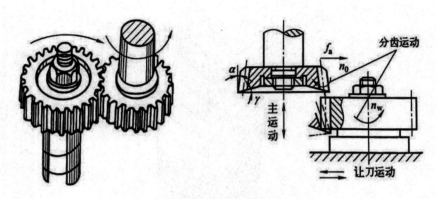

图 2-51 插齿加工原理及其成形运动

插齿主运动是往复运动，提高插齿速度受到插齿刀主轴往复运动惯性的限制，目前常用的插齿刀每分钟往复行程数一般只有几百次；插齿有空程损失，实际进行切削的行程长度只有总行程长度的 1/3 左右，故生产率较低。插齿可以加工内齿轮、齿条、扇形齿，也可以加工齿圈相距很近的双联齿轮、三联齿轮等。

（二）齿面精加工

对于 IT6 级以上精度的齿轮，或者淬火后的硬齿面的加工，往往需要在滚齿、插齿之后，经热处理再进行精加工。常用的齿面精加工的方法有剃齿、珩齿、磨齿。以下简述这三种加工方法及其应用：

1.剃齿

剃齿常用于未淬火圆柱齿轮的精加工，是软齿面精加工最常见的加工方法。剃齿用剃齿刀在剃齿机上进行，如图 2-52 所示。

剃齿刀形状如螺旋圆柱齿轮，但齿形做得非常准确，并在每个齿的齿侧沿渐开线方向开出许多小沟槽，形成切削刃，见图 2-52（a）。剃齿在原理上属于一对螺旋齿轮做无侧隙双面啮合，并由剃齿刀带动工件做自由转动的过程，见图 2-52（b），剃齿应具备以下运动，见图 2-52（c）：

（1）剃齿刀的正反旋转运动（工件由剃齿刀带动旋转）；

（2）工件沿其轴线的纵向往复进给运动；

（3）工件每往复运动一次后的径向进给运动。

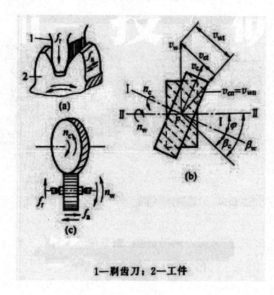

1—剃齿刀；2—工件

图 2-52 剃齿刀及其剃齿工作原理

剃齿时刀具与工件之间没有强制性运动关系，不能保证分齿均匀，因此剃齿对纠正运动误差的能力较差。但是，剃齿刀的精度高，剃齿加工精度主要取决于刀具，一般情况下，切向误差纠正能力差，故其前道工序一般为滚齿。

剃齿主要用于加工滚齿或插齿后未经淬火（齿面硬度 35HRC 以下）的直齿和斜齿圆柱齿轮，精度可达 IT7～IT6 级，齿面粗糙度 Ra 可达 0.8～0.4μm。

2.珩齿

珩齿是用珩磨轮在珩齿机上进行的一种齿面光整加工方法。珩齿与剃齿的加工原理相同，也是按展成法原理加工齿面的，珩磨轮和工件相当于一对交错轴斜齿轮做无侧隙啮合传动，可对螺旋齿轮和直齿轮加工，见图2-53（b）、图2-53（c），不同的只是用珩磨轮代替剃齿刀。在珩磨轮与工件啮合的过程中，依靠珩磨轮齿面密布的磨粒，以一定压力和相对滑动速度对工件表面进行切削。

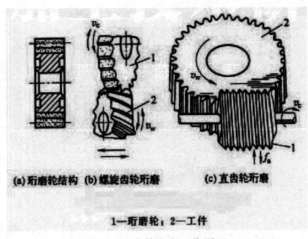

（a）珩磨轮结构　（b）螺旋齿轮珩磨　　　（c）直齿轮珩磨

1—珩磨轮；2—工件

图 2-53　齿轮珩磨工作原理

珩磨轮是由磨料（金刚砂或白刚玉）与环氧树脂等材料混合后，浇铸或热压而成，可视为具有切削能力的斜齿轮。

珩齿较剃齿的转速要高得多。当珩磨轮高速带动被珩齿轮旋转时，在相啮合齿轮的齿面上产生相对滑动，从而实现切削加工。珩齿具有磨削、剃削和抛光等精加工的综合作用。

珩齿的工艺特点：

（1）表面质量好。珩齿主要用于消除淬火后的氧化皮和去毛刺，并可有效地减小表面粗糙度，适当减少齿轮传动时的噪声，齿轮齿面粗糙度 Ra 可达 $0.8 \sim 0.4 \mu m$。

（2）珩齿修正齿形和齿向误差的能力较差，珩轮本身的误差对加工精度

的影响也很小。珩前的齿槽预加工尽可能采用滚齿，珩齿一般能加工 IT7～IT6
级精度的齿轮。

（3）珩齿生产率高，在成批、大量生产中可以得到广泛应用。

3.磨齿

磨齿是用砂轮在磨齿机上进行的加工方法，是高精度齿面的加工方法。加
工精度可达 IT6～IT4 级，甚至 IT3 级，齿面粗糙度 Ra 为 0.8～0.2μm。可磨
削淬火或不淬火齿轮的齿面，但加工成本高，生产率低，多用作齿面淬硬后的
光整加工。

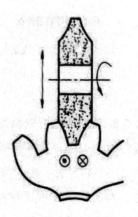

图 2-54 成形法磨齿

磨齿有展成法和成形法两种。成形法磨齿如图 2-54 所示。其砂轮修整成
与被磨齿轮齿槽一致的形状，磨齿过程与用齿轮铣刀铣齿类似。成形法磨齿的
生产率高，较展成法可提高数倍，但受砂轮修整精度与分齿精度的影响，加工
精度较低，一般为 IT6～IT5 级。因此，在生产中常用展成法，它根据齿轮、
齿条啮合原理来进行加工。按砂轮形状不同，磨齿分为以下几种：

（1）双碟形砂轮磨齿

用两个碟形砂轮倾斜成一定角度，以构成假想齿条的两齿侧面，同时对齿
轮的两齿面进行磨削。其原理与锥面砂轮磨齿相同。为磨出全齿宽，工件应沿

被磨齿轮齿向进行往复直线运动，如图 2-55（a）所示。加工精度为 IT5～IT4 级，生产率低。

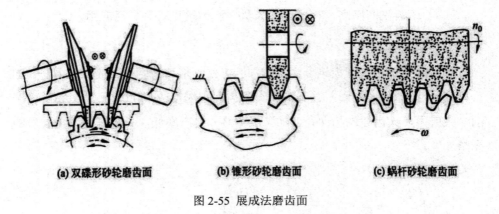

(a) 双碟形砂轮磨齿面　　(b) 锥形砂轮磨齿面　　(c) 蜗杆砂轮磨齿面

图 2-55 展成法磨齿面

（2）锥形砂轮磨齿

将砂轮的磨削部分修整成锥形，以便构成假想齿条。磨削时强制砂轮与被磨齿轮保持齿条和齿轮的啮合运动关系，使砂轮锥面包络出渐开线齿形，如图 2-55（b）所示。加工精度为 IT6～IT5 级，生产率比双碟形砂轮磨齿高。

采用锥形砂轮的磨齿机，为了便于实现这种啮合，需要有以下运动：

①主运动。即砂轮的高速旋转运动。

②齿轮的往复滚动。强制被磨齿轮沿固定的假想齿条做纯滚动，齿轮一边转动一边移动，以磨削齿槽的两个侧面。

③砂轮往复进给运动。即为磨削出全齿宽，砂轮沿被磨齿轮齿向所做的往复运动。

④分齿运动。每磨完一个齿槽后，砂轮自动退离，齿轮自动转过 $1/z$ 圈（z 为工件齿数）进行分齿运动，直到全部齿槽磨完为止。

（3）蜗杆砂轮磨齿

目前，在批量生产中正日益多地采用蜗杆砂轮磨齿。它的工作原理与滚齿加工相同，蜗杆砂轮相当于滚刀。加工时，砂轮与工件相对倾斜一定的角度，两者保持严格的啮合传动关系，如图 2-55（c）所示。为磨出整个齿宽，还需沿工件有轴向进给运动。由于砂轮的转速很高（约 2 000 r/min），工件相应的转速也较高，所以磨削效率高。

磨齿精度一般为 IT5～IT4 级，生产率较双碟形和锥形砂轮磨齿都高。由于蜗杆砂轮的尺寸大，制造、修整困难，故多用于大批量小模数齿轮的齿面加工。

磨齿加工的主要特点是：

①加工精度高，一般条件下加工精度可达 IT6～IT4 级；

②表面粗糙度 Ra 低，为 0.8～0.2 μm；

③采取强制啮合方式，不仅修正误差的能力强，而且可以加工表面硬度很高的齿轮；

④磨齿（除蜗杆砂轮磨齿外）加工效率较低，机床结构复杂，调整困难，加工成本高。目前磨齿主要用于加工精度要求很高的齿轮。

三、圆柱齿轮齿面加工方法的选择

齿轮齿面的精度要求大多较高，加工工艺复杂，选择加工方案时应综合考虑齿轮的结构、尺寸、材料、精度等级、热处理要求、生产批量及工厂加工条件等。常用的齿面加工方案见表 2-9。

表 2-9 齿面加工方案

齿面加工方案	齿轮精度等级	齿面粗糙度 $Ra/\mu m$	适用范围
铣齿	IT9 级以下	6.3～3.2	单件修配生产中，加工低精度的外圆柱齿轮、齿条、锥齿轮、蜗轮
拉齿	IT7 级	1.6～0.4	大批量生产 7 级内齿轮；外齿轮拉刀制造复杂，故少用
滚齿	IT8～IT7级	3.2～1.6	各种批量生产中，加工中等质量外圆柱齿轮及蜗轮
插齿		1.6	各种批量生产中，加工中等质量的内、外圆柱齿轮，多联齿轮及小型齿条
滚（或插）齿—淬火—珩齿		0.8～0.4	加工齿面淬火的齿轮
滚齿—剃齿	IT7～IT6级	0.8～0.4	主要用于大批量生产
滚齿—剃齿—淬火—珩齿		0.4～0.2	
滚（插）齿—淬火—磨齿	IT6～IT3级	0.4～0.2	加工高精度齿轮的齿面，生产率低，成本高
滚（插）齿—磨齿	IT6～IT3级		

第三章 金属切削加工技术

第一节 车削加工技术

车削加工（简称车削）是在车床上用车刀加工工件的工艺过程。在车削加工时，工件的旋转是主运动，刀具做直线进给运动，因此，车削加工适用于加工各种回转体表面。车削加工在机械制造业中占有重要地位。用于传动的回转体零件大多需要进行车削加工，因此大多数机械制造厂中车床的数量是最多的。

一、车床类型

在所有的机床种类里，车床的类型最多。按用途和结构不同，可以分为普通卧式车床、立式车床、转塔和回转车床、自动车床、多刀半自动车床、仿形车床、专门化车床以及数控车床等。

（一）普通卧式车床

普通卧式车床加工对象广，主轴转速和进给量的调整范围大，能加工工件的内外表面、端面和内外螺纹。这种车床主要由工人手工操作，生产效率低，适用于单件小批生产和修配车间。

（二）立式车床

立式车床的主轴垂直于水平面，工件装夹在水平的回转工作台上，刀架在横梁或立柱上移动。适用于加工较大、较重、难于在普通车床上安装的工件，分单柱和双柱两大类。

（三）转塔和回转车床

转塔和回转车床具有能装多把刀具的转塔刀架或回轮刀架，能在工件的一次装夹中由工人依次使用不同刀具完成多种工序，适用于成批生产。

（四）自动车床

自动车床可以按一定程序自动完成中小型工件的多工序加工，能自动上下料，重复加工一批同样的工件，适用于大批量生产。

（五）多刀半自动车床

多刀半自动车床有单轴、多轴、卧式和立式之分。单轴卧式的布局形式与机械制造技术基础普通车床相似，但两组刀架分别装在主轴的前后或上下，用于加工盘、环和轴类工件，其生产率比普通车床高 3～5 倍。

（六）仿形车床

仿形车床能仿照样板或样件的形状尺寸，自动完成工件的加工循环，适用于形状较复杂的工件的成批生产，生产率比普通车床高 10～15 倍。有多刀架、多轴、卡盘式、立式等类型。

（七）专门化车床

专门化车床是加工某类工件的特定表面的车床，如曲轴车床、凸轮轴车床、车轮车床、车轴车床、轧辊车床和钢锭车床等。

（八）数控车床

数控车床是目前使用较为广泛的数控机床之一。它主要用于轴类零件或盘类零件的内外圆柱面、任意锥角的内外圆锥面、复杂回转内外曲面和圆柱、圆锥螺纹等切削加工，并能进行切槽、钻孔、扩孔、铰孔及镗孔等操作。

数控机床是按照事先编制好的加工程序，自动对被加工零件进行加工。人们把零件的加工工艺路线、工艺参数、刀具的运动轨迹、位移量、切削参数以及辅助功能，按照数控机床规定的指令代码及程序格式编写成加工程序单，再把这程序单中的内容记录在控制介质上，然后输入数控机床的数控装置中，从而指挥机床加工零件。

上述车床中，普通卧式车床应用最广。

二、普通卧式车床的组成与特点

（一）普通卧式车床的组成及功能

普通卧式车床由床身、床头（主轴箱）、变速箱、进给箱、光杠、丝杠、溜板箱、刀架和尾架（尾座）等部分组成。当然还有电气、冷却系统等其他部分。

1.床身

床身是车床的基础零件，用来支承和安装车床的各部件，保证其相对位置，如床头箱、进给箱、溜板箱等。床身具有足够的刚度和强度，床身表面精度很高，以保证各部件之间有正确的相对位置，床身上有四条平行的导轨，供大拖板（刀架）和尾架相对于床头箱进行正确的移动，为了保持床身的表面精度，在操作车床中应注意维护保养。

2.床头（主轴箱）

床头用以支承主轴并使之旋转。主轴为空心结构，其前端外锥面安装三爪卡盘等附件来夹持工件，前端内锥面用来安装顶尖，细长孔可穿入长棒料。

3.变速箱

变速箱由电动机带动变速箱内的齿轮轴转动，通过改变变速箱内的齿轮搭配（啮合）位置，得到不同的转速。

4.进给箱

进给箱又称走刀箱，内装进给运动的变速齿轮，可调整进给量和螺距，并将运动传至光杠或丝杠。

5.光杠、丝杠

光杠、丝杠将进给箱的运动传给溜板箱。光杠用于一般车削的自动进给，不能用于车削螺纹；丝杠用于车削螺纹。

6.溜板箱

溜板箱又称拖板箱，与刀架相连，是车床进给运动的操纵箱。它可将光杠传来的旋转运动变为车刀的纵向或横向的直线进给运动；可将丝杠传来的旋转运动，通过"对开螺母"直接变为车刀的纵向移动，用以车削螺纹。

7.刀架

刀架用来夹持车刀，并使其做纵向、横向或斜向进给运动。

8.尾架（尾座）

尾架安装在床身导轨上。在尾架的套筒内安装顶尖，用以支承工件；也可安装钻头、铰刀等刀具，在工件上进行孔加工；将尾架偏移，还可用来车削锥体。

（二）普通卧式车床的特点

（1）车床的床身、床脚、油盘等采用整体铸造结构，刚性高，抗震性好，适合高速切削。

（2）床头箱采用三支承结构，三支承均为圆锥滚子轴承，主轴调节方便，回转精度高，精度保持性好。

（3）进给箱设有米制和寸制螺纹转换机构，螺纹种类的选择转换方便可靠。

（4）溜板箱内设有锥形离合器安全装置，可防止自动走刀过载后的机件损坏。

（5）车床纵向设有四工位自动进给机械碰停装置，可通过调节碰停杆上轮的纵向位置，设定工件加工所需长度，实现零件的纵向定尺寸加工。

（6）尾座设有变速装置，可满足钻孔、铰孔的需要。

（7）车床润滑系统设计合理可靠，主轴箱、进给箱、溜板箱均采用体内润滑，并增设线泵、柱塞泵对特殊部位进行自动强制润滑。

三、车削加工的应用

车削加工应用十分广泛。因机器零件以回转体表面居多，故车床一般占机械加工车间机床总数的 50%以上。车削加工可以在普通车床、立式车床、转塔车床、仿形车床、自动车床以及各种专用车床上进行。

普通车床的应用最为广泛，它适宜于各种轴、盘及套类零件的单件和小批量生产。加工精度可达 IT7～IT8，表面粗糙度 Ra 值为 0.8～1.6 μm。在车床上可以使用不同的车刀或其他刀具加工各种回转表面，如内外圆柱面、内外圆锥面、螺纹、沟槽、端面和成形面等。车削常用来加工单一轴线的零件，如直轴和一般盘、套类零件等。若改变工件的安装位置或将车床适当改装，还可以加工多轴线的零件，如曲轴、偏心轮等或盘形凸轮。

转塔车床适宜于外形较为复杂而且多半具有内孔的中小型零件的成批生产。六角转塔车床，其与普通车床的不同之处是有一个可转动的六角刀架，代替了普通车床上的尾架。在六角刀架上可以装夹数量较多的刀具或刀排，如钻头、铰刀、板牙等。根据预先的工艺规程，调整刀具的位置和行程距离，依次进行加工。六角刀架每转 60°便更换一组刀具,而且可同时与横刀架的刀具一起对工件进行加工。此外,机床上有定程装置,可控制尺寸,节省了很多度量工件的时间。

半自动和自动车床多用于形状不太复杂的小型零件大批、大量生产,如螺钉螺母、管接头、轴套类等,其生产效率很高,但精度较低。

卧式车床或数控车床适应性较广,适用于单件小批生产的各种轴、盘、套等类零件加工。而立式车床多用于加工直径大而长度短(长径比L/D≈0.3～0.8)的重型零件。

四、车削加工的工艺特点

(1)适用范围广泛。车削是轴、盘、套等回转体零件不可缺少的加工工序。一般来说,车削加工可达到的精度为 IT7～IT13,表面粗糙度 Ra 值为 0.8～50μm。

(2)容易保证零件加工表面的位置精度。在车削加工时,一般短轴类或盘类工件用卡盘装夹,长轴类工件用前后顶尖装夹,套类工件用心轴装夹,而形状不规则的零件用卡盘、花盘装夹或花盘弯板装夹。在一次安装中,可依次加工工件各表面。由于车削各表面时均绕同一回转轴线旋转,故可较好地保证各加工表面间的同轴度、平行度和垂直度等位置的精度要求。

(3)适宜有色金属零件的精加工。当有色金属零件的精度较高、表面粗糙度 Ra 值较小时,若采用磨削,易堵塞砂轮,加工较困难,难以得到较好的表面质量,故可由精车完成。若采用金刚石车刀,以很小的切削深度($a_p < 0.15$ mm)、进给量($f < 0.k$ mm/r)以及很高的切削速度($v≈5$ m/s)精车切削,可获得很高的尺寸精度(IT5～IT6)和很小的表面粗糙度 Ra 值(0.1～0.8μm)。

(4)切削过程比较平稳,生产效率较高。在车削时切削过程大多是连续的,切削面积不变,切削力变化很小,切削过程比刨削和铣削平稳。因此可采用高速切削和强力切削，使生产率大幅度提高。

（5）刀具简单，生产成本较低。车刀是刀具中最简单的一种，制造、刃磨和安装均很方便。车床附件较多，可满足一般零件的装夹，生产准备时间较短。车削加工成本较低，既适宜单件小批生产，也适宜大批量生产。

第二节 钻削及镗削加工技术

内圆表面（孔）不仅广泛用于各类零件上，而且孔径、深度、精度和表面粗糙度的要求差异很大。因此，除了车床可以加工孔外，还有两类主要用于孔加工的机床：钻床和镗床。

一、钻削加工

钻削加工（简称钻削，又称钻孔）是在钻床上用钻头在实体材料上加工孔的工艺过程，是孔加工的基本方法之一。

（一）钻床与钻削运动

常用的钻床有台式钻床、立式钻床及摇臂钻床。台式钻床是一种放在台桌上使用的小型钻床，它适用于单件小批生产以及对小型工件上直径较小的孔的加工（一般孔径小于 13 mm）；立式钻床是钻床中最常见的一种，它常用于中小型工件上较大直径孔的加工（一般孔径小于 50 mm）；摇臂钻床主要用于大孔的加工（一般孔径小于 80 mm）。

在钻床上钻孔时，刀具（钻头）的旋转为主运动，同时钻头沿工件的轴向移动为进给运动。在钻削时，钻削速度为：

$$v = \frac{\pi D n}{1000 \times 60}$$

（3-1）

式中：D——钻头直径（mm）；

n——钻头或工件的转速（r/min）。

切削深度为$a : D$，进给量为钻头（或工件）每旋转一周，钻头沿其轴向移动的距离。

（二）钻削加工应用及工艺特点

在钻床上除钻孔外，还可进行扩孔、铰孔、锪孔和攻螺纹（攻丝）等工作。

在台式钻床和立式钻床上，工件通常采用平口钳装夹，对于圆柱形工件可采用 V 形铁装夹，有时采用压板、螺栓装夹；在成批大量生产中，则采用专用钻模夹具来钻孔，大型工件在摇臂钻床上一般不需要装夹，靠工件自重即可进行加工。

1.钻孔

对于直径小于 30 mm 的孔，一般用麻花钻在实心材料上直接钻出。若加工质量达不到要求，则可在钻孔后再进行扩孔、铰孔或镗孔等加工。

（1）钻头

钻头有扁钻、麻花钻、深孔钻等多种，其中以麻花钻应用最普遍。

麻花钻结构是由工作部分和夹持部分组成。柄部是钻头的夹持部分，用来传递钻孔时所需要的扭矩。钻柄有直柄和锥柄两种。直柄所能传递的扭矩较小，一般用于直径小于 12 mm 的钻头；锥柄钻头的扁尾可增加所能传递的扭矩，用于直径大于 12 mm 的钻头。钻头的工作部分包括切削部分和导向部分。导向部分在钻孔时起引导作用，也是切削部分的后备部分。它有两条对称的螺旋槽，用来形成切削刃及前角，并起到排屑和输送切削液的作用。为了减少摩擦面积并保持钻孔的方向，在麻花钻工作部分的外螺旋面上做出两条窄的棱带（又称为刃带），其外径略带倒锥，前大后小，每 100 mm 的长度减小 0.05～

0.1 mm。

麻花钻的切削部分有两条主切削刃、两条副切削刃和一条横刃。切屑流过的两个螺旋槽表面为前刀面，与工件切削表面（孔底）相对的顶端两曲面为主后刀面，与工件已加工表面（孔壁）相对的两条棱带为副后刀面。前刀面与主后刀面的交线为主切削刃，前刀面与副后刀面的交线为副切削刃，两个主后刀面的交线为横刃。对称的主切削刃和副切削刃可视为两把反向车刀。

麻花钻的几何角度主要有螺旋角 β、前角 γ_0、后角 α_0、锋角 2Φ 和横刃斜角 ψ 等。螺旋角 β 是钻头轴心线与棱带切线之间的夹角，β 越大，切削越容易，但钻头强度越低；前角 γ_0 是在主剖面中测量的，是前刀面与基面之间的夹角，由于前刀面是螺旋面，因而沿主切削刃各点的前角是变化的，由钻头外缘向钻心方向逐渐减小；后角 α_0 是在轴向剖面中测量的，是过该点的主后刀面的切线与切削平面之间的夹角，切削刃上各点的 α_0 也是不同的，由钻头外缘向中心逐渐增大；锋角 2Φ 是两条主切削刃之间的夹角，标准麻花钻 2Φ 为116°～120°；横刃斜角是横刃与主切削刃在钻头横截面上投影的夹角，横刃斜角一般为 55°。

（2）钻削的工艺特点

钻孔与车削外圆相比，工作条件要困难得多。因为在切削时，刀具为定尺寸刀具，而钻头的工作部分大都处于加工表面的包围之中，加上麻花钻的结构及几何角度的特点，造成钻头的刚度和强度较低，容屑和排屑较差，导向和冷却润滑困难等诸多问题。其特点可概括为以下三点：

第一，钻头容易引偏。由于横刃较长，又有较大的负前角，使钻头很难定心；钻头比较细长，且有两条宽而深的容屑槽，使钻头刚性很差；钻头只有两条很窄的螺旋棱带与孔壁接触，导向性也很差；由于横刃的存在，使钻孔时轴向抗力增大。因此，钻头在开始切削时就容易引偏，切入以后易产生弯曲变形，致使钻头偏离原轴线。钻头的引偏将使加工后的孔出现孔轴线的歪斜、孔径扩大和孔失圆等现象。在钻床上钻孔与在车床上钻孔，钻头偏斜对孔加工精度的影响是不同的。在钻床上当钻头引偏时，前者孔的轴线也发生偏斜，但孔径无显著变化；后者孔的轴线无明显偏斜，但引起孔径变化，常使孔出现锥形或腰鼓形等缺陷。因此，钻小孔或深孔时应尽可能在车床上进行，以减小孔轴线的偏斜。在实际生产中常采用以下措施来减小引偏：

①预钻锥形定心坑，即预先用小锋角（2φ=90°～100°）、大直径的麻花钻钻一个锥形坑，然后再用所需的钻头钻孔。

②钻套为钻头导向。这样可减少钻孔开始时的引偏，特别是在斜面上或曲面上钻孔时。

③两条主切削刃磨得完全相等。这样可以使两个主切削刃的经向力相互抵消，从而减小钻头的引偏，否则钻出的孔径就要大于钻头直径。

第二，排屑困难。在钻孔时，由于切屑较宽，容屑尺寸又受限制，因而在排屑过程中，往往与孔壁产生很大的摩擦和挤压，拉毛和刮伤已加工表面，从而大大降低孔壁质量。为了克服这一缺点，生产中常对麻花钻进行修磨。修磨横刃，使横刃变短，横刃的前角值增大，从而减少因横刃产生的不利影响；开磨分屑槽，在加工塑性材料时，能使较宽的切屑分成几条，以便顺利排屑。

第三，切削热不易传散。由于钻削是一种半封闭式的切削，切削时会产生大量的热量，而且大量的高温切屑不能及时排出，切削液又难以注入切削区，切屑、刀具与工件之间摩擦又很大，因此，切削温度较高，使刀具磨损加剧，从而限制了钻削的使用和生产效率的提高。

（3）钻孔的应用

钻孔是孔的一种粗加工方法。钻孔的尺寸精度可达 IT11～IT12，表面粗糙度值为 3.2～6.3μm。使用钻模钻孔，其精度可达 IT10。钻孔既可用于单件小批生产，也适用于大批量生产。

2.扩孔

扩孔是用扩孔钻在工件上已经钻出、铸出或锻出孔的基础上所做的进一步加工，以扩大孔径，提高孔的加工精度。

（1）扩孔钻及其特点

扩孔时的切削深度比钻孔时的切削深度小得多，扩孔钻直径规格为10～80 mm。扩孔钻的结构及其切削情况与麻花钻相比，有如下特点：

第一，刚性较好。由于切削深度小，切屑少，容屑槽可做得浅而窄，使钻心部分比较粗壮，大大提高了刀体的刚度。

第二，导向性较好。由于容屑槽较窄，可在刀体上做出3～4个刀齿。每个刀齿周边上有一条螺旋棱带。棱带增多，导向作用也相应增强。

第三，切削条件较好。切削刃自外缘不必延续到中心，避免了横刃和由横刃引起的不良影响，改善了切削条件。由于切削深度小、切屑窄，因而易排屑，且不易创伤已加工表面。

第四，轴向抗力较小。由于没有横刃，轴向抗力小，可采用较大的进给量，提高生产率。

（2）扩孔的应用

出于上述原因，扩孔的加工质量比钻孔好，属于孔的一种半精加工。一般精度可达 IT9～IT10，表面粗糙度值为 3.2～6.3 μm。扩孔常作为铰孔前的预加工。当孔的精度要求不高时，扩孔亦可作为孔的终加工。

3.铰孔

铰孔是在半精加工（扩孔和半精镗）基础上进行的一种精加工。铰孔精度在很大程度上取决于铰刀的结构和精度。

（1）铰刀及其特点

铰刀分为手铰刀和机铰刀两种。手铰刀刀刃锥角很小，工作部分较长，导向作用好，可防止铰孔时歪斜，尾部为直柄；机铰刀尾部为锥柄，锥角较大，靠安装铰刀的机床主轴导向，故工作部分较短。铰孔的切削条件和铰刀的结构比扩孔更为优越，有如下特点：

第一，刚性和导向性好。铰刀的刀刃多（6～12 个），排屑槽很浅，刀心截面很大，故其刚性和导向性比扩孔钻好。

第二，可校准孔径和修光孔壁。铰刀本身的精度很好，而且具有修光部分。修光部分可以起到校正孔径、修光孔壁和导向的作用。

第三，加工质量高。铰孔的余量最小（粗铰为 0.15～0.35 mm，精铰为 0.05～0.15 mm），切削速度低，切削力较小，所产生的热较少，因此，工件的受力变形较小。铰孔切削速度低，可避免积屑瘤的不利影响，使得铰孔质量较高。

（2）铰孔的应用

铰孔是应用较为普遍的孔的精加工方法之一。铰孔适用于加工精度要求较高、直径不大而又未淬火的孔。机铰的加工精度一般可达 IT7～IT8，表面粗糙度值 Ra 为 0.8～1.6 μm；手铰精度可达 IT6，表面粗糙度值 Ra 为 0.2～0.4 μm。

对于中等尺寸以下较精密的孔，在单件小批乃至大批大量生产中，钻、扩、铰是常采用的典型工艺。而钻、扩、铰只能保证孔本身的精度，不能保证孔与孔之间的尺寸精度和位置精度，要解决这一问题，可以采用夹具（钻模）进行加工。

二、镗削加工

镗削加工简称镗削，又称镗孔，是利用镗刀对已钻出、铸出或锻出的孔进行加工的过程。对于直径较大的孔（80～100 mm）、内成形面或孔内环形槽等，镗孔是唯一的加工方法。

（一）镗床与镗削运动

卧式镗床主要由床身、前立柱、主轴箱、主轴、平旋盘、工作台、后立柱和尾架等组成，使用卧式镗床加工时，刀具装在主轴、镇杆或平旋盘上，通过主轴箱可获得需要的各种转速和进给量，同时可随着主轴箱沿前立柱的导轨上下移动。工件安装在工作台上，工作台可随下滑座和上滑座做纵横向移动，还可绕上滑座的圆导轨回转至所需的角度，以适应各种加工情况。

（二）镗刀

在镗床上常用的镗刀有单刃镗刀和多刃镗刀两种。

1.单刃镗刀

单刃镗刀是指把镗刀头垂直或倾斜安装在镗刀杆上。单刃镗刀适应性强，灵活性较大，可以校正原有孔的轴线歪斜或位置偏差，但其生产率较低，这种镗刀多用于单件小批生产。

2.多刃镗刀

多刃镗刀是指在刀体上安装两个以上的镗刀片（常用四个），以提高生产率。其中一种多刃镗刀为可调浮动镗刀片。这种刀片不是固定在镗刀杆上，而是插在镗杆的方槽中，可沿径向自由浮动，依靠两个刀刃上径向切削力的平衡自动定心，因此，可消除镗刀片在镗刀杆上的安装误差所引起的不良影响。浮动镗削不能校正原孔轴线的偏斜，主要用于大批量生产、精加工箱体类零件上直径较大的孔。

（三）卧式镗床的主要工作

1.镗孔

镗床镗孔按其进给形式可分为主轴进给和工作台进给两种方式。主轴进给方式只适宜镗削长度较短的孔。悬臂式的进给方式，用来镗削较短的孔；多支承式的进给方式用来镗削箱体两壁相距较远的同轴孔系。平旋盘镗大孔是多支承式的，用来镗削箱体两壁相距较远的同轴孔系。

2.镗床其他工作

在镗床上不仅可以镗孔，还可以进行钻孔、扩孔、铰孔、铣平面、车外圆、车端面、切槽及车螺纹等工作。

（四）镗削的工艺特点及应用

第一，镗床是孔系加工的主要设备。可以加工机座、箱体、支架等外形复杂的大型零件的孔径较大、精度较高的孔，这些孔在一般机床上加工很困难，但在镗床上加工却很容易，并可方便地保证孔与孔之间、孔与基准平面之间的位置精度和尺寸精度要求。

第二，加工范围广泛。镗床是一种万能性强、功能多的通用机床，既可加工单个孔，又可加工孔系；既可加工小直径的孔，又可加工大直径的孔，还可加工台阶孔及内环形槽。除此之外，还可进行部分铣削和车削工作。

第三，加工质量高。能获得较高的精度和较低的粗糙度。普通镗床镗孔的尺寸公差等级可达 IT7～IT8，表面粗糙度 Ra 值可达 $0.8～1.6\,\mu\mathrm{m}$。若采用金刚镗床（因采用金刚石镗刀而得名）或坐标镗床（一种精密镗床），可获得更高的精度和更低的表面粗糙度。

第四，生产率较低。机床和刀具调整复杂，操作技术要求较高，在单件小批生产中不使用镗模，生产率较低，在大批量生产中则须使用镗模，以提高生产率。

第三节 刨削及拉削加工技术

一、刨削加工技术

刨削加工是在刨床上用刨刀加工工件的工艺过程。刨削是平面加工的主要方法之一。

（一）刨床与刨削运动

刨削加工可在牛头刨床或龙门刨床上进行。

在牛头刨床上加工时，刨刀的纵向往复直线运动为主运动，间歇进给运动。其最大的刨削长度一般不超过 1 000 mm，因此，它适合加工中小型工件。

在龙门刨床上加工时，工件随工作台的往复直线运动为主运动，刀架沿横梁或立柱做间歇的进给运动。由于其刚性好，而且有 2～4 个刀架可同时工作，因此，它主要用来加工大型工件，或同时加工多个中小型工件。其加工精度和生产率均比牛头刨床高。

（二）刨床的主要工作

刨削主要用来加工平面（水平面、垂直面及斜面），也广泛用于加工沟槽（如直角槽、V 形槽、T 形槽、燕尾槽），如果进行适当的调整或增加某些附件，还可以加 T 齿条、齿轮、花键和母线为直线的成形面等。

（三）刨削的工艺特点及应用

第一，机床与刀具简单，通用性好。刨床结构简单，调整、操作方便；刨刀制造和刃磨容易，加工费用低；刨床能加工各种平面、沟槽和成形表面。

第二，刨削精度低。由于刨削为在线往复运动，在切入、切出时有较大的冲击振动，影响了加工表面质量。在刨平面时，两平面的尺寸精度一般为 IT8～IT9，表面粗糙度值 Ra 为 1.6～6.3。在龙门刨床上用宽刃刨刀，以很低的切削速度精刨时，可以提高刨削加工质量，表面粗糙度值 Ra 达 0.4～0.8 μm。

第三，生产率较低。因为刨刀为单刃刀具，在刨削时有空行程，且每次往复行程伴有两次冲击，从而限制了刨削速度的提高，使刨削生产率较低。但在刨削狭长平面或在龙门刨床上进行多件、多刀切削时，则有较高的生产率。因此，刨削多用于批量生产及修配工作。

二、插削加工技术

插削加工（简称插削）在插床上进行，插床可看作是"立式牛头刨床"。主运动为滑枕带动插刀做上下直线往复运动，工件装夹在工作台上，工作台可以实现纵向、横向和圆周的进给运动。插削主要用于在单件、小批量生产中插削某些内表面，如方孔、长方孔、各种多边形孔及孔内键槽等，也可以加工某些零件上的外表面。插削由于刀杆刚性差，故加工精度较刨削差。

三、拉削加工技术

拉削加工简称拉削，是在拉床上用拉刀加工工件的工艺过程，是一种高生产率和高精度的加工方法。

（一）拉床与拉刀

卧式拉床在床身内装有液压驱动系统，活塞拉杆的右端装有随动支架和刀架，分别用以支承和夹持拉刀。拉刀左端穿过工件预加工孔后夹在刀架上，工件贴靠在床身的支撑上。当活塞拉杆向左做直线移动时，带动拉刀完成工件加工。在拉削时，只有主运动，即拉刀的直线移动，而无进给运动。进给运动可看作是由后一个刀齿较前一个刀齿递增一个齿升量的拉刀完成的。在工件上，如果要切去一定的加工余量，当采用刨削或插削时，刨刀、插刀要多次走刀才能完成。而用拉削加工，每个刀齿切去一薄层金属，只需一次行程即可完成。所以，拉削可看作是按高低顺序排列的多把刨刀进行的刨削。

拉刀是一种多刃专用刀具，一把拉刀只能加工一种形状和尺寸规格的表面。各种拉刀的形状、尺寸虽然不同，但它们的组成部分大体一致。为圆孔拉刀的拉刀切削部分是拉刀的主要部分，担负着切削工作，包括粗切齿和精切齿两部分。切削齿相邻两齿的齿升量一般为 0.02～0.1 mm，其齿升量向后逐渐减小，校准齿无齿升量。为了改善切削齿的工作条件，在拉刀切削齿上开有分屑槽，以便将宽的切屑分割成窄的切屑。

（二）拉削方法

拉削的孔径一般为 10～100 mm，孔的深径比一般为 3～5。被拉削的圆孔不需要精确的预加工，钻孔或粗镗后即可拉削。拉孔时工件一般不夹紧，只以工件端面为支撑面。因此，被拉削孔的轴线与端面之间应有一定的垂直度要求。当孔的轴线与端面不垂直时，应将端面贴紧在一个球面垫圈上，这样，在拉削力的作用下，工件连同球面垫圈一起略有转动，可把工件孔的轴线自动调节到与拉刀轴线一致的方向。若加工时刀具所受的力不是拉力而是推力，则称为推削。

（三）拉削的工艺特点及应用

第一，加工精度高。拉刀是一种定形刀具，在一次拉削过程中，可完成粗切、半精切、精切、校准和修光等工作。拉床采用液压传动，传动平稳，切削速度低，不产生积屑瘤，因此，可获得较高的加工质量。拉削的加工精度一般可达 IT7～IT9，表面粗糙度值 Ra 可达 0.4～1.6 μm。

第二，应用范围广。在拉床上可以加工各种形状的通孔。此外，在大批量生产中还被广泛用来拉削平面、半圆弧面和某些组合表面。

第三，生产率高。拉刀是多刃刀具，一次行程能切除加工表面的全部余量，因此，生产率很高。尤其是在加工形状特殊的内外表面时，效果更显著。

第四，拉床结构简单。拉削只有一个主运动，即拉刀的直线运动，故拉床的结构简单，操作方便。

第五，拉刀寿命长。由于拉削时切削速度低，冷却润滑条件好，因此，刀具磨损慢，刃磨一次，可以加工数以千计的工件。一把拉刀又可以重复修磨，故拉刀的寿命较长。但由于一把拉刀只能加工一种形状和尺寸的表面，且制造复杂、成本高，故拉削加工只用于大批量生产。

第四节 铣削加工技术

一、铣床与铣削过程

铣削加工（简称铣削）是在铣床上利用铣刀对工件进行切削加工的工艺过程。铣削是平面加工的主要方法之一。铣削可以在卧式铣床、立式铣床、龙门铣床、工具铣床以及各种专用铣床上进行。对于单件小批生产中的中小型零件，卧式铣床和立式铣床最常用。前者的主轴与工作台台面平行，后者的主轴与工作台台面垂直，它们的基本部件大致相同。龙门铣床的结构与龙门刨床相似，其生产率较高，广泛应用于批量生产的大型工件，也可同时加工多个中小型工件。

铣削时，铣刀做旋转的主运动，工件由工作台带动做纵向或横向或垂直进给运动。铣削要素包括铣削速度 v、进给量 f、铣削深度 a_p、铣削宽度 a_e、切削厚度 h_D、切削宽度 b_D 和切削面积 A_D。铣削时，铣刀有多个齿同时参加切削，故铣削时的切削面积应为各刀齿切削面积的总和。在铣削过程中，由于切削厚度 h_D 是变化的，切削宽度 b_D 有时也是变化的，因而切削面积 A_D 也是变化的，其结果势必引起铣削力的变化，使铣刀的负荷不均匀，在工作中易引起振动。

二、铣削方式

铣平面可以用端铣，也可以用周铣。用周铣铣平面又有逆铣与顺铣之分。在选择铣削方法时，应根据具体的加工条件和要求，选择适当的铣削方式，以保证加工质量和提高生产率。

（一）端铣与周铣

利用快刀端部齿切削的称为端铣。端铣与周铣分别具有下列特点：

（1）端铣的生产率高于周铣。端铣用的端铣刀大多数镶有硬质合金刀头，且刚性较好，可采用大的铣削用量。而周铣用的圆柱铣刀多用高速钢制成，其刀轴的刚性较差，使铣削用量，尤其是铣削速度受到很大的限制。

（2）端铣的加工质量比周铣好。在端铣时可利用副切削刃对已加工表面进行修光，只要选取合适的副偏角，可减少残留面积，减小表面粗糙度。而周铣时只有圆周刃切削，已加工表面实际上是由许多圆弧组成，表面粗糙度较大。

（3）周铣的适应性比端铣好。周铣能用多种铣刀铣削平面、沟槽、齿形和成形面等，适应性较强。而端铣只适宜端铣刀或立铣刀端刃切削的情况，只能加工平面。

综上所述，端铣的加工质量最好，在大平面的铣削中目前大都采用端铣；周铣的适应性较强，多用于小平面、各种沟槽和成形面的铣削。

（二）逆铣与顺铣

当铣刀和工件接触部分的旋转方向与工件的进给方向相反时称为逆铣；当铣刀和工件接触部分的旋转方向与工件的进给方向相同时称为顺铣。逆铣与顺铣分别具有下列特点：

（1）在逆铣时，铣削厚度从零到最大。刀刃在开始时不能立刻切入工件，而要在工件已加工表面滑行一小段距离，这样一来，会使刀具磨损加剧，工件表面冷硬程度加重，加工表面质量下降。

工件所受的垂直分力 F，方向向上，对工件起上抬作用，不仅不利于压紧工件，还会引起振动。

水平分力 F_n 与进给方向相反，因此，工作台进给丝杠与螺母之间在切削过程中总是保持紧密接触，不会因为间隙的存在而使工作台左右窜动。

（2）顺铣时，铣削厚度从最大到零。不存在逆铣时的滑行现象，刀具磨损小，工件表面冷硬程度较轻。在刀具耐用度相同的情况下，顺铣可提高铣削速度 30%左右，可获得较高的生产率。

工件所受的垂直分力 F 方向向下，有助于压紧工件，铣削比较平稳，可提高工件的表面质量。

水平分力 F_n 的方向与工作台的进给方向相同，而工作台进给丝杠与固定螺母之间一般都存在间隙。因此，当忽大忽小的水平分力 F_n 值较小时，丝杠与螺母之间的间隙位于右侧，而当水平分力 F_n 值足够大时，就会将工作台连同丝杠一起向右拖动，使丝杠与螺母之间的间隙位于左侧。这样在加工过程中，水平分力 F_n 的大小变化会使工作台忽左忽右来回窜动，造成切削过程的不平稳，导致啃刀、打刀甚至损坏机床。

综上所述，顺铣有利于提高刀具耐用度和工件夹持的稳定性，从而可提高工件的加工质量，故当加工无硬皮的工件，且铣床工作台的进给丝杆和螺母之间具有间隙消除装置时，采用顺铣的方法。反之，如果铣床没有上述间隙消除装置，则在加工铸、锻件毛坯面时，采用逆铣的方法。

三、铣削加工的工艺特点及应用

（一）铣削的工艺特点

（1）生产率较高。铣刀是典型的多齿刀具，在铣削时有多个刀齿同时参加工作，并可利用硬质合金镶片铣刀，有利于采用高速铣削，且切削运动是连续的，因此，与刨削加工相比，铣削加工的生产率较高。

（2）刀齿散热条件较好。铣刀刀齿在切离工件的一段时间内可得到一定程度的冷却，有利于刀齿的散热。但由于刀齿的间断切削，使每个刀齿在切入及切出工件时，不但会受到冲击力的作用，而且还会受到热冲击，这将加剧刀具的磨损。

（3）在铣削时容易产生振动。铣刀刀齿在切入和切出工件时易产生冲击，并将引起同时参加工作的刀齿数目的变化，即使对每个刀齿而言，在铣削过程中的镗削厚度也是不断变化的，因此刀齿数目的变化会使铣削过程不够平稳，影响加工质量。与刨削加工相比，除宽刀细刨外，铣削的加工质量与刨削大致相当，一般经粗加工、精加工后都可达到中等精度。

由于上述特点，铣削既适用于单件小批生产，也适用于大批生产；而刨削多用于单件小批生产及修配工作。

（二）铣削加工的应用

铣床的种类、铣刀的类型和铣削的形式均较多，加上分度头、圆形工作台等附件的应用，铣削加工的应用范围较广。

（三）分度及分度加工

铣削四方体、六方体、齿轮、棘轮以及铣刀、铰刀类多齿刀具的容屑槽等表面时，每铣完一个表面或沟槽，工件必须转过一定的角度，再铣削下一个表面或沟槽，这种工作通常称为分度。分度工作常在万能分度头上进行。

第五节 磨削加工技术

一、磨削加工技术

（一）砂轮

磨削加工（简称磨削）是一种以砂轮作为切削工具的精密加工方法。砂轮是由磨料和结合剂黏结而成的多孔物体。

砂轮的特性对加工精度、表面粗糙度和生产率影响很大。在标注砂轮时，砂轮的各种特性指标按形状代号、尺寸、磨料、粒度、硬度、组织、结合剂（允许的）最大速度的顺序书写。

1.磨料

磨料是砂轮和其他磨具的主要原料，直接担负切削工作。磨料应具有高硬度、高耐热性和一定的韧性，在切削过程中受力破碎后还要能形成尖锐的棱角。常用的磨料主要有三大类：刚玉类、碳化硅类和超硬类，它们的名称、代码、特性和用途如表 3-1 所示。

表 3-1 常用磨料的名称、代码、特性和用途

类别	名称	代码	特性	用途
刚玉类	棕刚玉	A	含氧化铝>95%，棕色；硬度高，韧性好，价廉	主要适于加工碳钢、合金钢、可锻铸钢、硬青铜等
	白刚玉	WA	含氧化铝>98.5%，白色；比棕刚玉硬度高、韧性低，棱角锋利，价格较高	主要适于加工淬火钢、高速钢和高碳钢
碳化硅类	墨碳化硅	C	含碳化硅>98.5%，黑色；硬度比白刚玉高，性脆而锋利，导热性好	主要适于加工铸铁、黄铜、铝及非金属材料
	绿碳化硅	GC	含碳化硅>99%，绿色；硬度比脆性黑碳化硅更高，导热性好	主要适于加工硬质合金、宝石、陶瓷、玻璃等
超硬类	人造金刚石	SD	无色透明或呈淡黄色、黄绿色、黑色；硬度高，比天然金刚石性脆，价格高昂	主要适于加工硬质合金、宝石等硬脆材料
	立方氮化硼	CBN	属于新型磨料，棕黑色，磨粒锋利；硬度略低于金刚石，与铁元素亲和力小	主要用于加工高硬度、高韧性的难加工材料，如不锈钢、高温合金、钛合金等

2.粒度

粒度是指磨料颗粒（磨粒）的大小。磨粒的大小用粒度号表示，粒度号数字越大，磨粒越小。磨料粒度的选择，主要与加工精度、加工表面粗糙度、生产率以及工件的硬度有关。一般来说，磨粒越细，磨削的表面粗糙度值越小，生产率越低。粗磨时，要求磨削余量最大，表面粗糙度较大，而粗磨的砂轮具有较大的气孔，不易堵塞，可采用较大的磨削深度来获得较高的生产率，因此，可选较粗的磨粒（36#～60#）；精磨时，要求磨削余量很小，表面粗糙度很小，须用较细的磨粒（60#～120#）。对于硬度低、韧性大的材料，为了避免砂轮

堵塞，应选用较粗的磨粒。对于成形磨削，为了提高和保持砂轮的轮廓精度，应选用较细的磨粒（100#～280#）。镜面磨削、精细珩磨、研磨及超精加工一般使用微粉。

3.结合剂

结合剂的作用是将磨料黏合成具有一定强度和形状的砂轮。砂轮的强度、抗冲击性、耐热性及抗腐蚀能力主要取决于结合剂的性能。常用结合剂的种类、性能及用途如表3-2所示。

表3-2 常用结合剂的种类、性能及用途

名称	代号	性能		用途
		优点	缺点	
陶瓷结合剂	V	耐热，耐腐蚀，强度高，气孔率大，磨削效率高，价格便宜	脆性大，不能承受剧烈振动	应用最广，适于 $v<35$ m/s 的磨削；可制造各种磨具，并适宜螺纹、齿形等成形磨削，但不能制造薄片砂轮
树脂结合剂	B	强度高，弹性大，耐冲击，可在高速下工作，有较好的摩擦抛光作用	耐热性、耐腐蚀性均较差	可用于 $v>50$ m/s 的高速磨削；可制造荒磨钢锭或铸件的砂轮以及切割和开槽的薄片砂轮
橡胶结合剂	R	比树脂结合剂强度更高，弹性更大，有良好的抛光性能	气孔率小，磨粒易脱落，耐热性、耐腐蚀性较差，有臭味	可制造磨削轴承沟道的砂轮、无心磨的砂轮和导轮、柔软抛光砂轮以及开槽和切割的薄片砂轮
金属结合剂	J	强度高，韧性好	砂轮自锐性差，砂轮修整难度大	制造各种金刚石与立方氮化硼砂轮

4.硬度

砂轮的硬度和磨料的硬度是两个不同的概念。砂轮的硬度是指砂轮表面的磨粒在外力作用下脱落的难易程度。容易脱落的为软砂轮，反之为硬砂轮。同一种磨料可做成不同硬度的砂轮，这主要取决于结合剂的性能、比例以及砂轮的制造工艺。常用砂轮的硬度等级如表 3-3 所示。通常，在磨削硬材料时，砂轮硬度应低一些；反之，应高一些。有色金属韧性大，砂轮孔隙易被磨屑堵塞，一般不宜磨削。若要磨削，则应选择较软的砂轮。对于成形磨削和精密磨削，为了较好地保持砂轮的形状精度，应选择较硬的砂轮。一般磨削常采用中软级至中硬级砂轮。

表 3-3 常用砂轮的硬度等级

硬度等级	大级	超软		软			中软		中		中硬			硬		超硬
	小级	超软3	超软4	软1	软2	软3	中软1	中软2	中1	中2	中硬1	中硬2	中硬3	硬1	硬2	超硬
	代码	D	F	G	H	J	K	L	M	N	P	Q	S	R	T	Y

5.组织

砂轮的组织是指砂轮中磨料、结合剂、气孔三者体积的比例关系。砂轮的组织号是由磨料所占百分比来确定的。磨料所占体积越大，砂轮的组织越紧密；反之，组织越疏松。砂轮组织分类如表 3-4 所示。为了保证较完整的几何形状和较低的表面粗糙度，成形磨削和精密磨削采用 0～4 级组织的砂轮；磨削淬火钢及刃磨刀具，采用 5～8 级组织的砂轮；磨削韧性大而硬度较低的材料，为了避免堵塞砂轮，采用 9～12 级组织砂轮。

表 3-4 砂轮组织分类

类别	紧密				中等				疏松				
组织号	0	1	2	3	4	5	6	7	8	9	10	11	12
磨料占砂轮体积（%）	62	60	58	56	54	52	50	48	46	44	42	40	38

（二）磨削过程

磨削是指用分布在砂轮表面的磨粒进行切削。每一颗磨粒的作用相当于一把车刀，整个砂轮的作用相当于共有很多刀齿的铣刀，这些刀齿是不等高的，具有不同的几何形状和切削角度。比较凸出和锋利的磨粒，可获得较大的切削深度，能切下一层材料，具有切削作用；凸出较小或磨钝的磨粒，只能获得较小的切削深度，在工件表面划出一道细微的沟纹，工件材料被挤向两旁而隆起，但不能切下一层材料；凸出很小的磨粒，没有获得切削深度，既不能在工件表面划出一道细微的沟纹，也不能切下一层材料，只对工件表面产生滑擦作用。对于那些起切削作用的磨粒，在刚开始接触工件时，由于切削深度极小，磨粒切削能力差，在工作表面只是滑擦而过，工件表面只产生弹性变形；随着切削深度的增大，磨粒与工件表面之间的压力增大，工件表层逐步产生塑性变形而刻划出沟纹；随着切削深度的进一步增大，被切材料层产生明显滑移而形成切屑。

综上所述，磨削过程就是砂轮表面的磨粒对工件表面的切削、刻划和滑擦的综合作用过程。砂轮表面的磨粒在高速、高温与高压下，逐渐磨损而钝化。钝化磨粒的切削能力急剧下降，如果继续磨削，作用在磨粒上的切削力将不断增大。当作用在磨粒上的切削力超过磨粒的极限强度时，磨粒就会破碎，形成新的锋利棱角进行磨削。当作用在磨粒上的切削力超过砂轮结合剂的黏结强度时，钝化磨粒就会自行脱落，使砂轮表面露出一层新鲜锋利的磨粒，从而使磨削加工能够继续进行，砂轮的这种自行推陈出新、保持自身锐利的性能称为自锐性。不同结合剂的砂轮其自锐性不同，陶瓷结合剂砂轮的自锐性最好，金属结合剂砂轮的自锐性最差。在砂轮使用一段时间后，砂轮会因磨粒脱落不均匀而失去外形精度或被堵塞，此时砂轮必须进行修整。

二、磨削的工艺特点

与其他加工方法相比，磨削加工具有以下特点：

（一）加工精度高，表面粗糙度小

由于磨粒的刃口半径小，能切下一层极薄的材料；又由于砂轮表面的磨粒多，磨削速度高（30～35 m/s），同时参加切削的磨粒多，在工件表面形成细小而致密的网络磨痕；再加上磨床本身的精度高、液压传动平稳，因此，磨削的加工精度高（IT5～IT8），表面粗糙度小。

（二）径向分力大

磨削力一般分解为轴向分力、径向分力和切向分力。在车削加工时，主切削力最大。而在磨削加工时，由于磨削深度和磨粒的切削厚度都较小，所以，轴向分力较小，切向分力更小。但因为砂轮与工件的接触宽度大，磨粒的切削能力较差，因此，径向分力较大。

（三）磨削温度高

由于具有较大负前角的磨粒在高压和高速下对工件表面进行切削、刻划和滑擦作用，砂轮表面与工件表面之间的摩擦非常严重，消耗功率大，产生的切削热多。又由于砂轮本身的导热性差，因此，大量的磨削热在很短的时间内不易传出，使磨削区的温度升高，有时高达 800℃～1 000℃。较高的磨削温度容易烧伤工件表面。在干磨淬火钢工件时，会使工件退火，硬度降低；在湿磨淬火钢工件时，如果切削液喷注不充分，可能出现二次淬火烧伤，即夹层烧伤。因此，在磨削时，必须向磨削区喷注大量的磨削液。

（四）砂轮有自锐性

砂轮的自锐性可使砂轮进行连续加工，这是其他刀具没有的特性。

三、普通磨削方法

磨削加工可以用来进行内孔、外圆表面、内外圆锥面、台肩端面、平面以及螺纹、齿形、花键等成形表面的精密加工。由于磨削加工精度高，粗糙度低，且可加工高硬度材料，所以应用非常广泛。

（一）外圆磨削

外圆磨削通常作为半精车后的精加工。外圆磨削有纵磨法、横磨法、深磨法和无心外圆磨法四种：

1.纵磨法

在普通外圆磨床或万能外圆磨床上磨削外圆时，工件随工作台做纵向进给运动，每个单行程或往复行程终了时砂轮做周期性的横向进给，这种方式称为纵磨。由于纵磨时的磨削深度较小，所以磨削力小，磨削热少。当磨到接近最终尺寸时，可做几次无横向进给的光磨行程，直至火花消失为止。一个砂轮可以磨削不同直径和不同长度的外圆表面。因此，纵磨法的精度高，表面粗糙度 Ra 值小，适应性好，但生产率低。纵磨法广泛用于单件小批和大批大量生产。

2.横磨法

在普通外圆磨床或万能外圆磨床上磨削外圆时，工件不做纵向进给运动，砂轮以缓慢的速度连续或断续地向工件做横向进给运动，直至磨去全部余量为止。这种方式称为横磨法，也称为切入磨法。横磨法生产率高，但工件与砂轮的接触面积大，发热量大，散热条件差，工件容易发生热变形和烧伤现象。横磨法的径向力很大，工件更易产生弯曲变形。由于无纵向进给运动，工件表面易留下磨削痕迹，因此，有时在横磨的最后阶段进行微量的纵向进给以减小磨痕。横磨法只适宜磨削大批大量生产的、刚性较好的、精度较低的、长度较短的外圆表面以及两端都有台阶的轴颈。

3.深磨法

磨削时采用较小的进给量（一般取 1～2 mm/r），较大的磨削深度（一般为 0.3 mm 左右），在一次切削行程中切除全部磨削余量。深磨所使用的砂轮被修整成锥形，其锥面上的磨粒起粗磨作用；直径大的圆柱表面的磨粒起精磨与修光作用。因此，深磨法的生产率较高，加工精度较高，表面粗糙度较低。深磨法适用于大批大量生产的、刚度较大工件的精加工。

4.无心外圆磨法

磨削时，工件放在两轮之间，下方有一块托板。大轮为工作砂轮，旋转时起切削作用；小轮是磨粒极细的橡胶结合剂砂轮，称为导轮。两轮与托板组成 V 形定位面托住工件。导轮速度很低，一般为 0.3～0.5 m/s，无切削能力。为了使工件定位稳定，并与导轮有足够的摩擦力矩，心外圆磨削在无心外圆磨床上进行。无心外圆磨床生产率很高，但调整复杂；不能校正套类零件孔与外圆的同轴度误差；不能磨削具有较长轴向沟槽的零件，以防外圆产生较大的圆度误差。因此，无心外圆磨法主要用于大批量生产的细长光轴、轴销和小套等。

（二）内圆磨削

内圆磨削在内圆磨床或无心内圆磨床上进行，主要磨削方法有纵磨法和横磨法。

1.纵磨法

纵磨法的加工原理与外圆的纵磨法相似，纵磨法需要砂轮旋转、工件旋转、工件往复运动和砂轮横向间隙运动。

2.横磨法

横磨法的加工原理与外圆的横磨法基本相同,不同的是砂轮的横向进给是从内向外。

与外圆磨削相比,内圆磨削主要有下列特征:

(1)磨削精度较难控制。因为在磨削时砂轮与工件的接触面积大,发热量大,冷却条件差,工件容易产生热变形,特别是因为砂轮轴细长,刚性差,易产生弯曲变形,造成圆柱度(内圆锥)误差。因此,一般需要减小磨削深度,增加光磨次数。内圆磨削的尺寸公差等级可达 IT6~IT8。

(2)磨削表面粗糙度较大。内圆磨削时砂轮转速一般不超过 20 000 r/min。由于砂轮直径很小,外圆磨削时其线速度很难达到 30~50 m/s。内圆磨削的表面粗糙度 Ra 值一般为 0.4~1.6 μm。

(3)生产率较低。因为砂轮直径很小,磨耗快,冷却液不易冲走屑末,砂轮容易堵塞,故砂轮需要经常修整或更换。此外,为了保证精度和表面粗糙度,必须减小磨削深度和增加光磨次数,也必然会影响生产率。

基于以上情况,在某些生产条件下,内圆磨削常被精镗或铰削所代替,但内圆磨削毕竟还是一种精度较高、表面粗糙度较低的加工方法,能够加工高硬度材料,且能校正孔的轴线偏斜。因此,有较高技术要求的或具有台肩而不便进行铰削的内圆表面,尤其是经过淬火的零件内孔,通常还要采用内圆磨削。

第四章 典型零件加工技术

生产实际中，零件的结构千差万别，但其基本几何构成大多是外圆、内孔、平面、螺纹、齿面、曲面等，很少有零件是由单一典型表面所构成，往往是由一些典型表面复合而成，其加工方法与单一典型表面加工相比较为复杂，是典型表面加工方法的综合应用。下面介绍轴类零件、套筒类、箱体类、齿轮零件、连杆零件等常用的典型加工工艺：

第一节 轴类零件的加工技术

一、轴类零件的分类、技术要求

轴是机械加工中常见的典型零件之一。它在机械中主要用于支承齿轮、带轮、凸轮以及连杆等传动件，以传递转矩。按结构形式不同，轴可以分为阶梯轴、锥度心轴、光轴、空心轴、曲轴、凸轮轴、偏心轴、各种丝杠等，如图4-1所示，其中具有等强度特征的阶梯传动轴应用较广，其加工工艺能比较全面地反映轴类零件的加工规律和共性。根据轴类零件的功用和工作条件，其技术要求主要有以下几个方面：

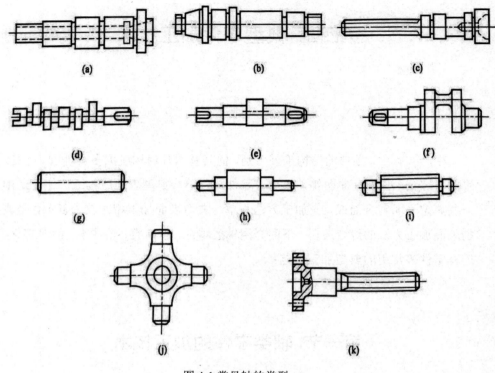

图 4-1 常见轴的类型

（1）尺寸精度。轴类零件的主要表面常为两类：一类是与轴承的内圈配合的外圆轴颈，即支承轴颈，用于确定轴的位置并支承轴，尺寸精度要求较高，通常为 IT7～IT5；另一类为与各类传动件配合的轴颈，即配合轴颈，其精度稍低，常为 IT9～IT6。

（2）几何形状精度，主要指轴颈表面、外圆锥面、锥孔等重要表面的圆度、圆柱度。其误差一般应限制在尺寸公差范围内，对于精密轴，需在零件图上另行规定其几何形状精度。

（3）相互位置精度，包括内外表面、重要轴面的同轴度，圆的径向跳动，重要端面对轴心线的垂直度，端面间的平行度等。

（4）表面粗糙度。轴的加工表面都有粗糙度的要求，一般根据加工的可能性和经济性来确定。支承轴颈表面粗糙度常为 $1.6\sim0.2\,\mu m$，传动件配合轴颈表面粗糙度为 $3.2\sim0.4\,\mu m$。

（5）其他，如热处理、倒角、倒棱及外观修饰等要求。

二、轴类零件的材料、毛坯及热处理

轴类零件材料常用 45 钢，精度较高的轴可选用 40Cr 钢、GCr15 轴承钢、65Mn 弹簧钢，也可选用球墨铸铁；高速、重载的轴，可选用 20CrMnTi、20Mn2B、20Cr 等低碳合金钢或 38CrMoAl 氮化钢。

轴类毛坯常用圆棒料和锻件；大型轴或结构复杂的轴采用铸件。毛坯经过加热锻造后，可使金属内部纤维组织沿表面均匀分布，获得较高的抗拉、抗弯及抗扭强度。

在热处理方面，锻造毛坯在加工前，均需安排正火或退火处理，使钢材内部晶粒细化，消除锻造应力，降低材料硬度，改善切削加工性能。调质一般安排在粗车之后、半精车之前，以获得良好的物理、力学性能。表面淬火一般安排在精加工之前，这样可以纠正因淬火引起的局部变形。精度要求高的轴，在局部淬火或粗磨之后，还需进行低温时效处理。

三、轴类零件的装夹方式

轴类零件的装夹方式有以下几类：

（1）采用两中心孔定位。一般以重要的外圆面作为粗基准定位，加工出中心孔，再以轴两端的中心孔为定位精基准；尽可能做到基准统一、基准重合、互为基准，并实现一次装夹加工多个表面。中心孔是工件加工统一的定位基准和检验基准，它自身质量非常重要，其准备工作也相对复杂，常常以支承轴颈定位，车（钻）中心锥孔；再以中心孔定位，精车外圆；以外圆定位，粗磨锥孔；以中心孔定位，精磨外圆；最后以支承轴颈外圆定位，精磨（刮研或研磨）锥孔，使锥孔的各项精度达到要求。

（2）用外圆表面定位。对于空心轴或短小轴等不可能用中心孔定位的情况，可用轴的外圆面定位、夹紧并传递转矩。一般采用三爪卡盘、四爪卡盘等通用夹具，或各种高精度的自动定心专用夹具，如液性塑料薄壁定心夹具、膜片卡盘等。

（3）用各种堵头或拉杆心轴定位装夹。加工空心轴的外圆表面时，常用带中心孔的各种堵头或拉杆心轴来装夹工件。小锥孔时常用堵头；大锥孔时常用带堵头的拉杆心轴，见图4-2。

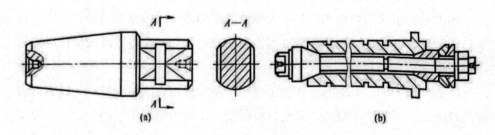

图4-2 堵头与拉杆心轴

四、轴类零件工艺过程示例

（一）CA6140车床主轴技术要求及功用

图4-3为CA6140车床主轴零件简图。由零件简图可知，该主轴呈阶梯状，其上有装夹支承轴承、传动件的圆柱、圆锥面，装夹滑动齿轮的花键，装夹卡盘及顶尖的内外圆锥面，连接紧固螺母的螺旋面，通过棒料的深孔等。下面介绍主轴各主要部分的作用及技术要求：

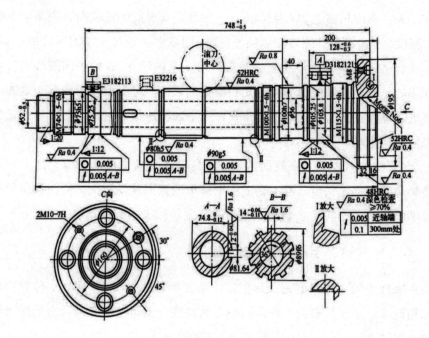

图 4-3 CA6140 车床主轴简图

（1）支承轴颈。主轴两个支承轴颈 A、B 圆度公差为 0.005 mm，径向跳动公差为 0.005 mm；而支承轴颈 1:12 锥面的接触率≥70%；表面粗糙度 Ra 为 0.4 μm；支承轴颈尺寸精度为 IT5。因为主轴支承轴颈是用来装夹支承轴承的，是主轴部件的装配基准面，所以它的制造精度直接影响到主轴部件的回转精度。

（2）端部锥孔。主轴端部内锥孔（莫氏 6 号）对支承轴颈 A、B 的跳动在轴端面处公差为 0.005 mm，离轴端面 300 mm 处公差为 0.01 mm；锥面接触率≥70%；表面粗糙度 Ra 为 0.4 μm；硬度要求 45～50 HRC。该锥孔是用来装夹顶尖或工具锥柄的，其轴心线必须与两个支承轴颈的轴心线严格同轴，否则会使工件（或工具）产生同轴度误差。

（3）端部短锥。端部短锥对主轴两个支承轴颈 A、B 的径向圆跳动公差为

0.005 mm；表面粗糙度 Ra 为 0.4μm。它是装夹卡盘的定位面。为保证卡盘的定心精度，该圆锥面必须与支承轴颈同轴，而端面必须与主轴的回转中心垂直。

（4）空套齿轮轴颈。空套齿轮轴颈对支承轴颈 A、B 的径向圆跳动公差为 0.005 mm。由于该轴颈是与齿轮孔相配合的表面，对支承轴颈应有一定的同轴度要求，否则引起主轴传动啮合不良，当主轴转速很高时，还会影响齿轮传动平稳性并产生噪声。

（5）螺纹。主轴上螺旋面的误差是压紧螺母端面跳动的原因之一，所以应控制螺纹的加工精度。若主轴上压紧螺母的端面跳动过大，会使被压紧的滚动轴承内环的轴心线产生倾斜，从而引起主轴的径向圆跳动。

（二）主轴加工的要点与措施

主轴加工的主要问题是如何保证主轴支承轴颈的尺寸、形状、位置精度和表面粗糙度，主轴前端内、外锥面的形状精度、表面粗糙度以及它们对支承轴颈的位置精度。

主轴支承轴颈的尺寸精度、形状精度以及表面粗糙度要求，可以采用精密磨削方法保证。磨削前应提高精基准的精度。

保证主轴前端内、外锥面的形状精度、表面粗糙度，同样应采用精密磨削的方法。为了保证外锥面相对支承轴颈的位置精度，以及支承轴颈之间的位置精度，通常采用组合磨削法，在一次装夹中加工这些表面，如图 4-4 所示。机床上有两个独立的砂轮架，精磨在两个工位上进行，工位Ⅰ精磨前、后轴颈锥面，工位Ⅱ用角度成形砂轮，磨削主轴前端支承面和短锥面。

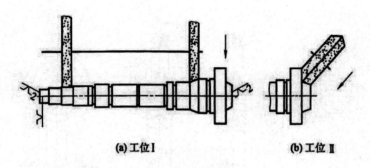

(a) 工位 I   (b) 工位 II

图 4-4 组合磨主轴加工示意图

主轴锥孔相对于支承轴颈的位置精度是靠采用支承轴颈 A、B 作为定位基准，而让被加工主轴装夹在磨床工作台上加工来保证。以支承轴颈作为定位基准加工内锥面，符合基准重合原则。在精磨前端锥孔之前，应使作为定位基准的支承轴颈 A、B 达到一定的精度。主轴锥孔的磨削一般采用专用夹具，如图 4-5 所示。夹具由底座 1、支架 2 及浮动夹头 3 三部分组成，两个支架固定在底座上，作为工件定位基准面的两段轴颈放在支架的两个 V 形块上，V 形块镶有硬质合金，以提高耐磨性，并减少对工件轴颈的划痕。工件的中心高应正好等于磨头砂轮轴的中心高，否则将会使锥孔母线呈双曲线，影响内锥孔的接触精度。后端的浮动卡头用锥柄装在磨床主轴的锥孔内，工件尾端插于弹性套内，用弹簧将浮动卡头外壳连同工件向左拉，通过钢球压向镶有硬质合金的锥柄端面，限制工件的轴向窜动。采用这种连接方式，可以保证工件支承轴颈的定位精度不受内圆磨床主轴回转误差的影响，也可减少机床本身振动对加工质量的影响。

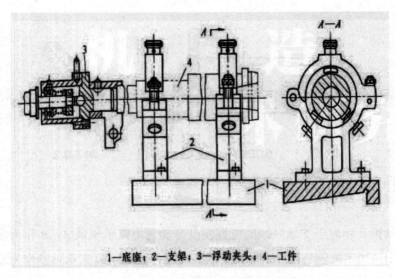

1—底座；2—支架；3—浮动夹头；4—工件

图 4-5 磨头轴锥孔夹具

主轴外圆表面的加工，应该以顶尖孔作为统一的定位基准。但在主轴的加工过程中，随着通孔的加工，作为定位基准面的中心孔消失，工艺上常采用带有中心孔的堵头塞到主轴两端孔中，如图 4-2 所示，让堵头的顶尖孔起附加定位基准的作用。

（三）CA6140 车床主轴加工定位基准的选择

在主轴加工中，为了保证各主要表面的相互位置精度，选择定位基准时，应遵循基准重合、基准统一和互为基准等重要原则，并能在一次装夹中尽可能加工出较多的表面。

由于主轴外圆表面的设计基准是主轴轴心线，根据基准重合的原则，考虑应选择主轴两端的顶尖孔作为精基准面。用顶尖孔定位，还能在一次装夹中将许多外圆表面及其端面加工出来，有利于保证加工面间的位置精度。所以主轴在粗车之前应先加工顶尖孔。

为了保证支承轴颈与主轴内锥面的同轴度要求，宜按互为基准的原则选择基准面。如车小端 1∶20 锥孔和大端莫氏 6 号内锥孔时，以与前支承轴颈相邻而它们又是用同一基准加工出来的外圆柱面为定位基准面（因支承轴颈系外锥面，不便装夹）；在精车各外圆（包括两个支承轴颈）时，以前、后锥孔内所配锥堵的顶尖孔为定位基面；在粗磨莫氏 6 号内锥孔时，又以两圆柱面为定位基准面；粗、精磨两个支承轴颈的 1∶12 锥面时，再次用锥堵顶尖孔定位；最后精磨莫氏 6 号锥孔时，直接以精磨后的前支承轴颈和另一圆柱面定位。定位基准每转换一次，都使主轴的加工精度提高一步。

（四）主要加工表面加工工序安排

CA6140 车床主轴主要加工表面是 φ75h5、φ80h5、φ90g5、φ100h7 轴颈，两支承轴颈及大头锥孔。它们的加工尺寸精度在 IT7～IT5，表面粗糙度 Ra 为 0.8～0.4μm。

主轴加工工艺过程可划分为三个加工阶段，即粗加工阶段（包括铣端面、加工顶尖孔、粗车外圆等）、半精加工阶段（包括半精车外圆，钻通孔，车锥面、锥孔，钻大头端面各孔，精车外圆等）、精加工阶段（包括精铣键槽，粗、精磨外圆、锥面、锥孔等）。

在机械加工工序中间尚需插入必要的热处理工序，这就决定了主轴加工各主要表面总是循着以下顺序进行，即粗车→调质（预备热处理）→半精车→精车→淬火-回火（最终热处理）→粗磨→精磨。

综上所述，主轴主要表面的加工顺序如下：

外圆表面粗加工（以顶尖孔定位）→外圆表面半精加工（以顶尖孔定位）→钻通孔（以半精加工过的外圆表面定位）→锥孔粗加工（以半精加工过的外圆表面定位，加工后配锥堵）→外圆表面精加工（以锥堵顶尖孔定位）→锥孔精加工（以精加工外圆面定位）。

当主要表面加工顺序确定后，就要合理地插入非主要表面加工工序。对主轴来说，非主要表面指的是螺孔、键槽、螺纹等。这些表面加工一般不易出现废品，所以尽量安排在后面工序进行，主要表面加工一旦出了废品，非主要表面就不需加工了，这样可以避免浪费工时。但这些表面也不能放在主要表面精加工后，以防在加工非主要表面过程中损伤已精加工过的主要表面。

凡是需要在淬硬表面上加工的螺孔、键槽等，都应安排在淬火前加工。非淬硬表面上螺孔、键槽等一般在外圆精车之后，精磨之前进行加工。因主轴螺纹与主轴支承轴颈之间有一定的同轴度要求，所以螺纹安排在以非淬火—回火为最终热处理工序之后的精加工阶段进行，这样，半精加工后残余应力所引起的变形和热处理后的变形，就不会影响螺纹的加工精度。

（五）主轴加工工艺过程

表 4-1 列出了 CA6140 车床主轴的加工工艺过程。

生产类型：大批生产；

材料牌号：45 钢；毛坯种类：模锻件。

表 4-1 大批生产 CA6140 车床主轴工艺过程

序号	工序名称	工序内容	定位基准	设备
1	备料	—	—	—
2	锻造	模锻	—	立式精锻机
3	热处理	正火	—	—
4	锯头			
5	铣端面，钻中心孔	—	毛坯外圆	中心孔机床
6	粗车外圆	—	顶尖孔	多刀半自动车床
7	热处理	调质	—	—
8	车大端各部	车大端外圆、短锥、端面及台阶	顶尖孔	卧式车床

续表

序号	工序名称	工序内容	定位基准	设备
9	车小端各部	仿形车小端各部外圆	顶尖孔	仿形车床
10	钻深孔	钻 φ48 mm 通孔	两端支承轴颈	深孔钻床
11	车小端锥孔	车小端锥孔（配 1:20 锥堵，涂色法检查接触率≥50%）	两端支承轴颈	卧式车床
12	车大端锥孔	车大端锥孔（配莫氏 6 号锥堵，涂色法检查接触率≥30%）、外短锥及端面	两端支承轴颈	卧式车床
13	钻孔	钻大头端面各孔	大端内锥孔	摇臂钻床
14	热处理	局部高频淬火（φ90g5、短锥及莫氏 6 号锥孔）	—	高频淬火设备
15	精车外圆	精车各外圆并切槽、倒角	锥堵顶尖孔	数控车床
16	粗磨外圆	粗磨 φ75h5、φ90g5、φ100h7 外圆	锥堵顶尖孔	组合外圆磨床
17	粗磨大端锥孔	粗磨大端内锥孔（重配莫氏 6 号锥堵，涂色法检查接触率≥40%）	前支承轴颈及 φ75h5 外圆	内圆磨床
18	铣花键	铣 φ89f6 花键	锥堵顶尖孔	花键铣床
19	铣键槽	铣 12f9 键槽	φ80h5 及 M115 mm 外圆	立式铣床
20	车螺纹	车三处螺纹（与螺母配车）	锥堵顶尖孔	卧式车床
21	精磨外圆	精磨各外圆及两端面	锥堵顶尖孔	外圆磨床
22	粗磨外锥面	粗磨两处 1:12 外锥面	锥堵顶尖孔	专用组合磨床
23	精磨外锥面	精磨两处 1:12 外锥面、短锥面及其端面	锥堵顶尖孔	专用组合磨床

续表

序号	工序名称	工序内容	定位基准	设备
24	精磨大端锥孔	精磨大端莫氏 6 号内锥孔（卸堵，涂色法检查接触率≥70%）	前支承轴颈及 φ75h5 外圆	专用主轴锥孔磨床
25	钳工	端面孔去锐边倒角，去毛刺	—	—
26	检验	按图样要求全部检验	前支承轴颈及 φ5h5 外圆	专用检具

五、轴类零件的检验

（一）加工中的检验

自动测量装置作为辅助装置装夹在机床上。这种检验方式能在不影响加工的情况下，根据测量结果，主动地控制机床的工作过程，如改变进给量，自动补偿刀具磨损，自动退刀、停车等，使之适应加工条件的变化，防止产生废品，故又称为主动检验。主动检验属于在线检测，即在设备运行、生产不停顿的情况下，根据信号处理的基本原理，掌握设备运行状况，对生产过程进行预测预报及必要调整。在线检测在机械制造中的应用越来越广。

（二）加工后的检验

单件小批生产中，尺寸精度一般用外径千分尺检验；大批量生产时，常采用光滑极限量规检验，长度大且精度高的工件可用比较仪检验。表面粗糙度可用粗糙度样板进行检验；要求较高时则用光学显微镜或轮廓仪检验。圆度误差可用千分尺测出的工件同一截面内直径的最大差值之半来确定，也可用千分表借助 V 形铁来测量；若条件许可，可用圆度仪检验。圆柱度误差通常用千分尺测出同一轴向剖面内最大与最小值之差的方法来确定。主轴相互位置精度检验一般以轴两端顶尖孔或工艺锥堵上的顶尖孔为定位基准，在两支承轴颈上方分别用千分表测量。

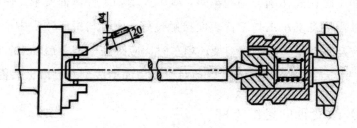

图 4-6 细长轴的装夹

六、细长轴加工问题难点和工艺措施

"车工怕细长，磨工怕薄片"，通常，长径比大于 20 的轴称为细长轴。这类零件由于长径比大、刚性差等自身结构原因，在切削过程中容易产生弯曲变形和振动；由于加工中切削用量较小、连续切削时间长、毛坯精度差、刀具磨损量大等原因，不易获得良好的加工精度和表面质量。

相应地，车削细长轴对刀具、机床、辅助工具、切削用量、工艺安排、操作技能等都有较高的要求。某种程度上，细长轴加工是考核操作工人综合技术水平的一个指标。为了保证加工质量并提高工效，细长轴车削通常采取以下措施：

（一）改进装夹方法

如图 4-6 所示，细长轴车削常采用"一夹一顶"的装夹方法。夹持端应避免工件夹紧时被卡爪压坏，工件外圆与卡爪之间可以垫上弹性开口环或细金属丝。顶端需采用轴向浮动活顶尖，目的在于工件在受热膨胀伸长时，顶尖能轴向退让，减小工件的弯曲。

（二）采用中心架、跟刀架

中心架、跟刀架都可在细长轴车削时改善工艺系统刚性，防止工件弯曲变形并抵消加工时径向切削分力的影响，减少振动和工件弯曲变形。使用中心架或跟刀架都需注意支承爪与工件表面接触良好，中心与机床顶尖中心等高，若有磨损，应及时调整。对于跟刀架，粗车时，应跟在车刀之后轴向行进；而精车时，跟刀架应行进在车刀之前，以免对已加工面造成划伤而降低表面粗糙度。

（三）改变轴向进给方向

细长轴车削时，使中托板由床头移向尾座，如图 4-7 所示，刀具施加于工件上的轴向力朝向尾座，使得刀具施加于工件的轴向力由原来正向车削的压力变为对工件的拉力，有利于工件轴线在加工中变直，减少工件弯曲变形。

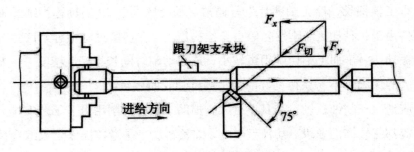

图 4-7 反向进给车削

（四）合理选择刀具几何参数

为减少切削力并降低切削热，车刀前角应选择较大值，常取 $\gamma_0 = 15° \sim 30°$；增大主偏角，常取 $\kappa_1 = 75° \sim 90°$；车刀前面应开有断屑槽，以便较好地断屑；刃倾角不宜正得太大，尽量使切屑流向待加工表面。

（五）采用双刀对车

延伸小刀台，装夹刀尖相对的两把车刀进行同步车削，一方面互相抵消切削径向力，另一方面可提高加工效率。注意：两把刀尖在装夹时沿工件轴向方向应适当错开 2～3 mm，而且对面的车刀前刀面向下。

第二节 支架、箱体类零件的加工技术

一、支架、箱体零件特点及加工要求

支架、箱体类零件通常作为装配时的基准零件，如图 4-8 所示。它们将轴、套、轴承、齿轮和端盖等零件装配连接起来，使其保持正确的相互位置关系，以传递转矩或改变转速来完成所需的运动或提供所需的动力。因此，支架、箱体类零件的结构设计、材料选择、加工质量对机器的工作精度、使用性能和寿命都有较大影响。

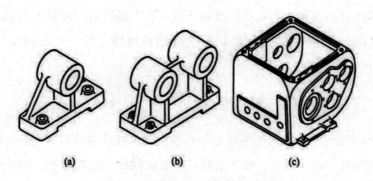

(a)　　　　(b)　　　　(c)

图 4-8 支架、箱体类零件示例

　　箱体零件结构特点有：多为铸造件，结构复杂，壁薄且不均匀，加工部位多，加工难度大。

　　箱体零件的主要技术要求有：轴颈支承孔孔径精度及相互之间的位置精度，定位销孔的精度与孔距精度；主要平面的精度；表面粗糙度等。

　　箱体零件材料及毛坯：箱体零件常选用灰铸铁；汽车、摩托车的曲轴箱选用铝合金作为曲轴箱的主体材料，其毛坯一般采用压铸件，因曲轴箱是大批大量生产，且毛坯的形状复杂，故采用压铸毛坯，镶套与箱体在压铸时镶嵌成一体。压铸的毛坯精度高，加工余量小，有利于机械加工。为减少毛坯铸造时产生的残余应力，箱体铸造后应安排人工时效。

　　箱体类零件中机床主轴箱精度要求最高，技术要求一般可归纳为以下五项：

（一）孔径精度

　　孔径的尺寸误差和几何形状误差会使轴承与孔配合不良。孔径过大，配合过松，使主轴轴线不稳定，并降低了支承刚度，易产生振动和噪声；孔径过小，使配合过紧，轴承将变形而不能正常运转，缩短寿命。装轴承的孔不圆，也使轴承外环变形而引起主轴的跳动。

　　从以上分析可知，对孔的精度要求较高。主轴孔的尺寸精度为 IT6 级，其余孔为 IT7～IT6，孔的几何形状精度除做特殊规定外，一般都在尺寸公差范围内。

（二）孔与孔的位置精度

　　同一轴线上各孔的同轴度误差和孔端面对轴线的垂直度误差，会使轴和轴承装配到箱体上产生歪斜，致使主轴产生径向跳动和轴向窜动，同时也使温升增高，加剧轴承磨损。孔系的平行度误差会影响齿轮的啮合质量。一般同轴上各孔的同轴度约为最小孔尺寸公差。

（三）孔和平面的位置精度

在机械加工中，一般都要规定主要孔和主轴箱装夹基面的平行度要求，它们决定了主轴与床身导轨的位置关系。这项精度是在总装中通过刮研来达到的。为减少刮研工作量，一般都要规定轴线对装夹基面的平行度公差。在垂直和水平两个方向上只允许主轴前端向上和向前。

（四）主要平面的精度

装配基面的平面度误差会影响主轴箱与床身连接时的接触刚度。若在加工过程中作为定位基准，还会影响轴孔的加工精度。因此规定底面和导向面必须平直和相互垂直。其平面度、垂直度公差等级为 5 级。

（五）表面粗糙度

重要孔和主要表面的表面粗糙度会影响连接面的配合性质或接触刚度，其具体要求一般用 Ra 值来评价。主轴孔为 Ra 0.4 μm，其他各纵向孔为 Ra 0.6 μm，孔的内端面为 Ra 3.2 μm，装配基准面和定位基准面为 Ra 2.5～0.63 μm，其他平面为 Ra 10～2.5 μm。

二、箱体类零件工艺过程特点分析

以某减速箱为例，说明箱体类零件的加工工艺，如图 4-11 所示。

（一）零件特点

一般减速箱为了制造与装配的方便，常做成可剖分的，这种箱体在矿山、冶金和起重运输机械中应用较多。剖分式箱体也具有一般箱体的结构特点，如壁薄、中空、形状复杂，加工表面多为平面和孔。

减速箱体的主要加工表面可归纳为以下三类：

（1）主要平面。箱盖的对合面和顶部方孔端面、底座的底面和对合面、轴承孔的端面等。

（2）主要孔。轴承孔（φ150H7、φ90H7）及孔内环槽等。

（3）其他加工部分。连接孔、螺孔、销孔、斜油标孔以及孔的凸台面等。

（二）工艺过程设计考虑要素

根据减速箱体剖分的结构特点和加工表面的要求，在编制工艺过程时应注意以下问题：

（1）加工过程的划分。整个加工过程可分为两大阶段，即先对箱盖和底座分别进行加工，然后再对装合好的整个箱体进行加工。为保证兼顾效率和精度，孔和面的加工还需粗精分开。

（2）箱体加工工艺的安排。安排箱体的加工工艺，应遵循先面后孔的工艺原则，对剖分式减速箱体还应遵循组装后镗孔的原则。因为如果不先将箱体的对合面加工好，轴承孔就不能进行加工。另外，镗轴承孔时，必须以底座的底面为定位基准，所以底座的底面也必须先加工好。

由于轴承孔及各主要平面都要求与对合面保持较高的位置精度，所以在平面加工方面，应先加工对合面，然后再加工其他平面，体现先主后次原则。

（3）箱体加工中的运输和装夹。箱体的体积、重量较大，故应尽量减少工件的运输和装夹次数。为了便于保证各加工表面的位置精度，应在一次装夹中尽量多加工一些表面。工序安排相对集中。箱体零件上相互位置要求较高的孔系和平面，一般尽量集中在同一工序中加工，以减少装夹次数，从而减少装夹误差的影响，有利于保证其相互位置的精度要求。

（4）合理安排时效工序。一般在毛坯铸造之后安排一次人工时效即可；对一些高精度或形状特别复杂的箱体，应在粗加工之后再安排一次人工时效，以消除粗加工产生的内应力，保证箱体加工精度的稳定性。

（三）剖分式减速箱体加工定位基准的选择

1.粗基准的选择

一般箱体零件都用它上面的重要孔和另一个相距较远的孔作为粗基准，以保证孔加工时余量均匀。剖分式箱体最先加工的是箱盖或底座的对合面。由于分离式箱体轴承孔的毛坯孔分布在箱盖和底座两个不同部分上，因而在加工箱盖或底座的对合面时，无法以轴承孔的毛坯面作粗基准，而是以凸缘的不加工面为粗基准，即箱盖以凸缘面 A，底座以凸缘面 B 为粗基准。这样可保证对合面加工凸缘的厚薄较为均匀，减少箱体装合时对合面的变形。

2.精基准的选择

常以箱体零件的装配基准或专门加工的一面两孔定位，使得基准统一。剖分式箱体的对合面与底面（装配基面）有一定的尺寸精度和相互位置精度要求；轴承孔轴线应在对合面上，与底面也有一定的尺寸精度和相互位置精度要求。为了保证以上几项要求，加工底座的对合面时，应以底面为精基准，使对合面加工时的定位基准与设计基准重合；箱体装合后加工轴承孔时，仍以底面为主要定位基准，并与底面上的两定位孔组成典型的一面两孔定位方式。这样，轴承孔的加工，其定位基准既符合基准统一的原则，也符合基准重合的原则，有利于保证轴承孔轴线与对合面的重合度及与装配基准面的尺寸精度和平行度。

（四）支架零件的加工示例

以图 4-9 所示的单孔支架为例，支架刚性较好，技术要求也不高，在加工过程中不必粗、精加工分开，除毛坯进行退火外，不必再安排时效处理。该支架的工艺过程如下：铸造毛坯—退火—划支承孔、底面、端面及凸台的加工线—加工底面—加工支承孔—划螺钉孔加工线—钻螺钉孔、锪凸台—检验。这是单孔支架的典型工艺过程。其中的关键是保证支承孔与底面的距离和平行度要求。小型支架支承孔的加工通常在车床或铣床上进行。

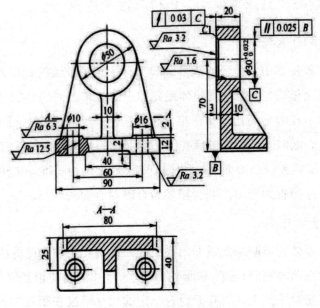

图 4-9 单孔支架零件图

在车床上加工支承孔的方法如图 4-10 所示。以支架底面定位，用压板螺栓将其轻轻压紧在弯板夹具上，转动主轴，用划针盘按支承孔的加工线找正工件。若孔的位置不正，可逐步调整弯板在花盘上的上下位置或工件在弯板上的前后位置，直到转动主轴时划针尖能与支承孔加工线基本一致时为止。这时，支承孔轴线与底面的距离（即中心高度）是依靠划线和找正来保证的。找正之后将压板压紧即可加工。在车床上加工支承孔，扩大孔径方便，只需沿横向进给加大切深即可。这种方法不易准确保证支承孔轴线与底面的距离，多用于中心高为未注公差尺寸的成对使用的单孔小支架加工。图 4-9 所示支架的加工工艺过程见表 4-2。

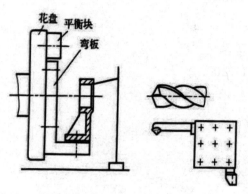

图 4-10 在车床上加工支架支承孔

表 4-2 支架体零件的加工工艺过程

工序号	工种	工序内容	设备
1	铸造	铸造毛坯	—
2	热处理	退火	—
3	钳工	划线。划出支承孔的十字中心线及孔线，划底面、左端面及φ16凸台和φ10凸台加工线	—
4	刨削	刨底面	牛头刨床
5	车削	保证支承孔与底面的距离为 70 mm，钻、镗φ30 支承孔到图样规定尺寸，并在一次装夹中车支承孔的左端面	车床
6	钳工	在底面上划φ16 和φ10 的两个螺钉孔线	—
7	钳工	钻φ10 和φ16 两个螺钉孔，反锪两个凸台	钻床
8	检验	检验	—

（五）减速箱体加工的工艺过程示例

表 4-3 所列为某厂在小批生产条件下，加工图 4-11 所示减速箱体的机械加

工工艺过程。

生产类型：小批生产；

材料牌号：HT200；

毛坯种类：铸件。

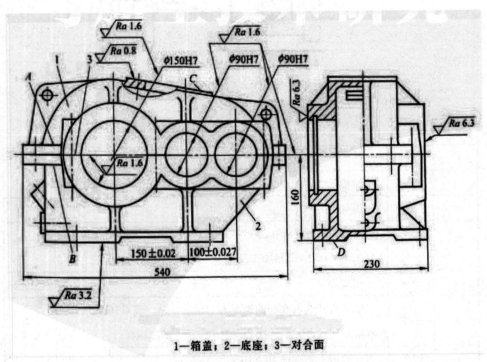

1—箱盖；2—底座；3—对合面

图 4-11 减速箱体结构简图

表 4-3 减速箱体机械加工工艺过程

序号	工序名称	工序内容	加工设备
1	铸造	铸造毛坯	—
2	热处理	人工时效	—
3	油漆	喷涂底漆	—
4	划线	箱盖：根据凸缘面 A 划对合面加工线；划顶部 C 面加工线；划轴承孔两端面加工线 底座：根据凸缘面 B 划对合面加工线；划底面 D 加工线；划轴承孔两端面加工线	划线平台
5	刨削	箱盖:粗、精刨对合面；粗、精刨顶部 C 面 底座:粗、精刨对合面；粗精刨底面 D	牛头刨床或龙门刨床
6	划线	箱盖：划中心十字线，各连接孔、销钉孔、螺孔、吊装孔加工线 底座：划中心十字线，底面各连接孔、油塞孔、油标孔加工线	划线平台
7	钻削	箱盖：按划线钻各连接孔，并锪平；钻各螺孔的底孔、吊装孔 底座：按划线钻底面上各连接孔、油塞底孔、油标孔，各孔端锪平；将箱盖与底座合在一起，按箱盖对合面上已钻的孔，钻底座对合面上的连接孔，并锪平	摇臂钻床
8	钳工	对箱盖、底座各螺孔攻螺纹；铲刮箱盖及底座对合面；箱盖与底座合箱；按箱盖上划线配钻、铰二销孔，打入定位销	—
9	铣削	粗、精铣轴承孔端面	端面铣床
10	镗削	粗、精镗轴承孔；切轴承孔内环槽	卧式镗床
11	钳工	去毛刺、清洗、打标记	—
12	油漆	油漆各不加工外表面	—
13	检验	按图样要求检验	—

（六）箱体零件的检验

表面粗糙度检验通常用目测或样板比较法，只有当 Ra 值很小时，才考虑使用光学量仪或使用粗糙度仪。

孔的尺寸精度：一般用塞规检验；单件小批生产时可用内径千分尺或内径千分表检验；若精度要求很高，可用气动量仪检验。

平面的直线度：可用平尺和厚薄规或水平仪与桥板检验。

平面的平面度：可用自准直仪或水平仪与桥板检验，也可用涂色检验。

同轴度检验：一般工厂常用检验棒检验同轴度。

孔间距和孔轴线平行度检验：根据孔距精度的高低，可分别使用游标卡尺或千分尺，也可用块规测量。

三坐标测量机可同时对零件的尺寸、形状和位置等进行高精度的测量。

三、箱体零件的高效自动化加工技术

单件箱体的生产，常常通过划线找正在普通镗床、铣床和钻床上加工工件。加工部位多、装夹次数多，劳动量大，工序分散，设备数目多，占用场地大，参与人员多，生产周期长，生产效率低，管理混乱、成本高。

对于中小批量生产，普通机床单机作业难以适应现代生产优质、高效、低成本的要求。而越来越多的企业常用加工中心等数控设备。

图 4-12 为卧式加工中心的结构示意图。加工中心是一种高效数控机床，一台加工中心能完成多台普通（数控）机床才能完成的工作。其特点是加工工件只需一次装夹，就可连续自动对工件各个表面进行铣削、钻削、扩孔、铰孔、攻螺纹、镗孔、锪端面等多个工步的工作，而且各工序可按任意顺序安排，工序高度集中。由于加工中心具有刀库、自动换刀装置和回转工作台或分度装置，因而在加工过程中能自动更换刀具，满足不同表面加工的需要。

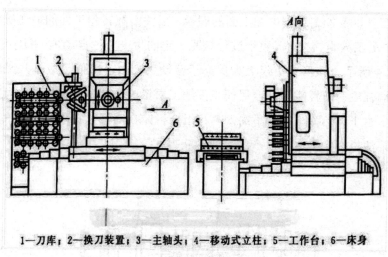

1—刀库；2—换刀装置；3—主轴头；4—移动式立柱；5—工作台；6—床身

图4-12 卧式加工中心结构示意图

"加工中心"不仅生产效率高、加工精度高，而且适用范围广，灵活性极大，设备的利用率高。使用加工中心可以减少专用夹具的设计、制造等工作，因而可缩短新产品的试制周期，简化生产管理。加工中心还是柔性制造系统（Flexible Manufacture System，简称 FMS）、集成制造系统（Computer Integrated Manufacturing System，简称 CIMS）的基本执行单元，通过加工中心的信息化管理，配合物料流装置等可以实现高度柔性化、自动化、无人化作业。

普通加工中心对箱体加工靠换刀进行，一般每次只能对一个表面进行加工，而且换刀还需时间，工作台与主轴箱的相对移动也存在误差，因而也不太适应箱体大批量生产。但高速加工中心设备正越来越多地使用于箱体零件的批量生产中。

大批量生产要求效率高、质量稳定，常常采用多轴、多工位组合机床（图4-13），结合物料输送装置组成的自动流水线进行。就单台多工位多轴组合机床而言，多轴组合箱体仅在一个工位一次进给可对数个，甚至几十个孔加工。孔距尺寸精度由高精度多孔镗模保证。不仅孔系的加工，而且平面和一些次要孔的加工，以及加工过程中加工面的调换、工件的翻转和工件的输送等辅助动作，都不需工人直接操作，整个过程按照一定的生产节拍自动地、顺序地进行，如图 4-14 所示。该形式不仅大大提高了劳动生产率，降低了成本，减轻了工人的劳动强度，而且能较好地保证工件加工质量的一致性、互换性，对操作工人的技术水平、熟练程度都不需太高。组合机床自动线已在摩托车、汽车、拖拉机、柴油机等大批大量生产的行业中获得广泛应用。

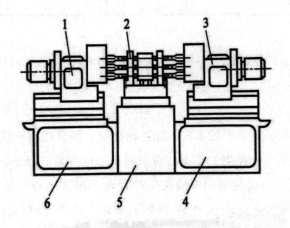

1—左动力头；2—镗模；3—右动力头；
4,6—侧底座；5—中间底座

图 4-13 在组合机床上用镗模加工孔系

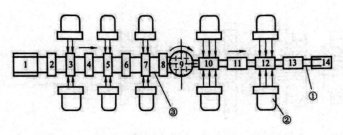

图 4-14 组合机床自动线加工箱体示意图

第三节 圆柱齿轮加工技术

一、齿轮加工技术

齿轮是机械工业的标志，它是用来按规定的传动比（又称速比）传递运动和动力的重要零件，在各种机器和仪器中应用非常普遍。

（一）圆柱齿轮结构特点和分类

齿轮的结构形状按使用场合和要求不同而变化。图 4-15 是常用圆柱齿轮的结构形式，分为：盘形齿轮，如图 4-15（a）、图 4-15（b）、图 4-15（c）所示；内齿轮，如图 4-15（d）所示；联轴齿轮，如图 4-15（e）所示、；套筒齿轮，如图 4-15（f）所示；扇形齿轮，如图 4-15（g）所示；齿条如图 4-15（h）所示；装配齿轮，如图 4-15（i）所示。

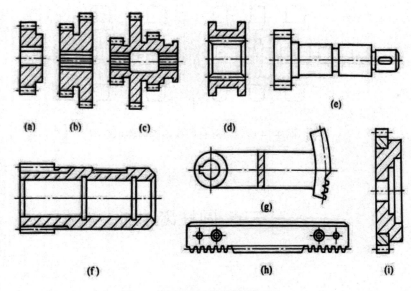

图 4-15 圆柱齿轮的结构形式

（二）圆柱齿轮的精度要求

齿轮自身的精度影响其使用性能和寿命，通常对齿轮的制造提出以下精度要求：

（1）运动精度。确保齿轮准确传递运动和恒定的传动比，要求最大转角误差不能超过相应的规定值。

（2）工作平稳性。要求传动平稳，振动、冲击、噪声小。

（3）齿面接触精度。为保证传动中载荷分布均匀，齿面接触要求均匀，避免局部载荷过大、应力集中等造成过早磨损或折断。

（4）齿侧间隙。要求传动中的非工作面留有间隙以补偿温升、弹性形变和加工装配的误差并利于润滑油的储存和油膜的形成。

（三）齿轮材料、毛坯和热处理

1.材料选择

根据使用要求和工作条件选取合适的材料。普通齿轮选用中碳钢和中碳合金钢，如 40、45、50、40MnB、40Cr、45Cr、42SiMn、35SiMn2MoV 等；要求高的齿轮可选取 20Mn2B、18CrMnTi、30CrMnTi、20Cr 等低碳合金钢；对于低速轻载的开式传动可选取 ZG40、ZG45 等铸钢材料或灰口铸铁；非传力齿轮可选取尼龙、夹布胶木或塑料。

2.齿轮毛坯

毛坯的选择取决于齿轮的材料、形状、尺寸、使用条件、生产批量等因素。常用的毛坯种类有：

（1）铸铁件：用于受力小、无冲击、低速的齿轮；

（2）棒料：用于尺寸小、结构简单、受力不大的齿轮；

（3）锻坯：用于高速重载齿轮；

（4）铸钢坯：用于结构复杂、尺寸较大而不宜锻造的齿轮。

3.齿轮热处理

在齿轮加工工艺过程中，热处理工序的位置安排十分重要，它直接影响齿轮的力学性能及切削加工的难易程度。一般在齿轮加工中有两种热处理工序：

（1）毛坯热处理：为了消除锻造和粗加工造成的残余应力、改善齿轮材料内部的金相组织和切削加工性能，在齿轮毛坯加工前后安排预先热处理。

（2）齿面热处理：为了提高齿面硬度，增加齿轮的承载能力和耐磨性而进行的齿面高频淬火、渗碳淬火、氮碳共渗和渗氮等热处理工序，安排在滚、插、剃齿之后，珩、磨齿之前。

二、圆柱齿轮齿面（形）加工技术

按齿面形成的原理不同，齿面加工方法可以分为两类：一类是成形法，用与被切齿轮齿槽形状相符的成形刀具切出齿面，如铣齿、拉齿和成形磨齿等；另一类是展成法，齿轮刀具与工件按齿轮副的啮合关系做展成运动，工件的齿面由刀具的切削刃包络而成，如滚齿、插齿、剃齿、磨齿和珩齿等。

三、圆柱齿轮零件加工工艺过程示例

（一）工艺过程示例

圆柱齿轮的加工工艺过程一般应包括以下内容：齿轮毛坯加工、齿面加工、热处理工艺及齿面的精加工。

在编制齿轮加工工艺过程中，常因齿轮结构、精度等级、生产批量以及生产环境的不同，而采用各种不同的方案。

图 4-16 为直齿圆柱齿轮的简图，表 4-4 列出了该齿轮机械加工工艺过程。从中可以看出，编制齿轮加工工艺过程大致可划分如下几个阶段：

（1）齿轮毛坯的形成：锻件、棒料或铸件；

（2）粗加工：车、铣切除较多的余量；

（3）半精加工：车、铣齿轮结构，滚、插齿面；

（4）热处理：调质、渗碳淬火、齿面高频淬火等；

（5）精加工：精修基准、精加工齿面（磨、剃、珩、研、抛等）。

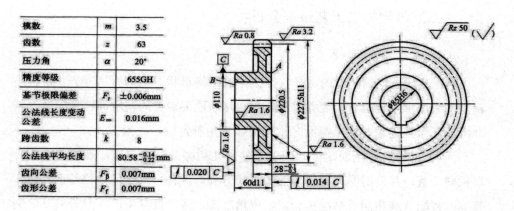

模数	m	3.5
齿数	z	63
压力角	α	20°
精度等级		655GH
基节极限偏差	F_r	±0.006mm
公法线长度变动公差	E_∞	0.016mm
跨齿数	k	8
公法线平均长度		$80.58_{-0.22}^{-0.14}$ mm
齿向公差	F_β	0.007mm
齿形公差	F_f	0.007mm

图 4-16 直齿圆柱齿轮零件图

表 4-4 直齿圆柱齿轮加工工艺过程

工序号	工序名称	工序内容	定位基准
1	锻造	毛坯锻造	—
2	热处理	正火	—
3	粗车	粗车外形，各处留加工余量 2 mm	外圆和端面
4	精车	精车各处，内孔至 Φ84.8，留磨削余量 0.2 mm	外圆和端面
5	滚齿	滚切齿面，留磨齿余量 0.25～0.3 mm	内孔和端面 A
6	倒角	倒角至尺寸（倒角机）	内孔和端面 A
7	钳工	去毛刺	—
8	热处理	齿面：52HRC	—
9	插键槽	至尺寸	内孔和端面 A
10	磨平面	靠磨大端面 A	内孔
11	磨平面	平面磨削 B 面	端面 A
12	磨内孔	磨内孔至 Φ85H5	内孔和端面 A
13	磨齿	齿面磨削	内孔和端面 A
14	检验	终结检验	

（二）齿轮加工工艺过程分析

1.定位基准的选择

对于齿轮，定位基准的选择常因齿轮的结构形状不同而有所差异。带轴齿轮主要采用顶尖定位，孔径大时则采用锥堵。顶尖定位的精度高，且能做到基准统一。带孔齿轮在加工齿面时常采用以下两种定位、夹紧方式：

（1）以内孔和端面定位。即以工件内孔和端面联合定位，确定齿轮中心和轴向位置，并采用面向定位端面的夹紧方式。这种方式可使定位基准、设计基准、装配基准和测量基准重合，定位精度高，适于批量生产。但对夹具的制造精度要求较高。

（2）以外圆和端面定位。工件和夹具心轴的配合间隙较大，用千分表校正外圆以决定中心的位置，并以端面定位；从另一端面施以夹紧力。这种方式因每个工件都要校正，故生产效率低；它对齿坯的内、外圆同轴度要求高，而对夹具精度要求不高，故适于单件、小批量生产。

2.齿轮毛坯的加工

齿面加工前的齿轮毛坯加工，在整个齿轮加工工艺过程中占有很重要的地位，因为齿面加工和检测所用的基准必须在此阶段加工出来；无论从提高生产率，还是从保证齿轮的加工质量角度出发，都必须重视齿轮毛坯的加工。

在齿轮的技术要求中，应注意齿顶圆的尺寸精度要求，因为齿厚的检测是以齿顶圆为测量基准的，齿顶圆精度太低，必然使所测量出的齿厚值无法正确反映齿侧间隙的大小。所以，在这一加工过程中应注意下列三个问题：

（1）当以齿顶圆直径作为测量基准时，应严格控制齿顶圆的尺寸精度；

（2）保证定位端面和定位孔或外圆相互的垂直度；

（3）提高齿轮内孔的制造精度，减小与夹具心轴的配合间隙。

3.齿端的加工

齿轮的齿端加工有倒圆、倒尖、倒棱和去毛刺等方式，如图 4-17 所示。

倒圆、倒尖后的齿轮在换挡时容易进入啮合状态，减少撞击现象。倒棱可除去齿端尖边和毛刺。图4-18是用指状铣刀对齿端进行倒圆的加工示意图。倒圆时，铣刀高速旋转，并沿圆弧做摆动，加工完一个齿后，工件退离铣刀，经分度再快速向铣刀靠近，加工下一个齿的齿端。齿端加工必须在齿轮淬火之前进行，通常都在滚（插）齿之后、剃齿之前安排齿端加工。

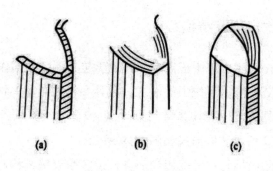

图 4-17 齿端加工形式

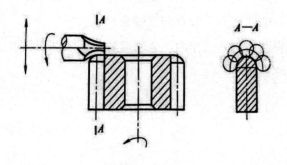

图 4-18 齿端倒图工艺

第四节 套筒类零件加工技术

一、套筒类零件加工

（一）零件功用及结构特点

套筒类零件在机械工程中应用较广，主要起支承或导向作用，例如：各类内燃机上的气缸套、液压系统中的油缸、模具导杆导向套、钻削夹具的钻套、各类自动定心夹具的定位夹具套筒、镗床主轴镗套以及支承回转轴的各种形式的滑动轴承等。其基本结构形式如图 4-19 所示。

套筒类零件的结构与尺寸随用途而异，但多数套筒结构具有以下特点：

（1）外圆直径 d 一般小于其长度 L，通常 $L/d<5$。

（2）内孔与外圆直径差较小，故壁薄易变形，加工困难。

（3）内、外圆回转面一般有同度轴要求。

（4）内圆表面通常为工作面，其精度较高，表面粗糙度值较低。

（5）结构相对简单。

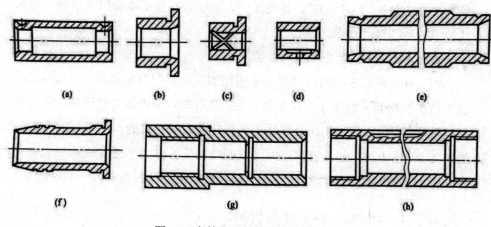

图 4-19 套筒类零件的结构形式

（二）零件的主要技术要求

套筒类零件的外圆表面多与机架或箱体孔相配合以起支承、固定作用，常为过盈或过渡配合。内孔作为工作面主要起导向、支承及夹持固定作用。有些套筒的端面或凸缘端面有定位或承受载荷的作用。按照其功能的不同，其外圆与内孔主要技术指标有：

1.尺寸精度及粗糙度要求

外圆直径精度通常为 IT7～IT5，表面粗糙度 Ra 为 5～0.63 μm，要求较高的可达 0.04 μm。内孔的尺寸精度一般为 IT8～IT6，为保证其耐磨性和功能要求，对表面粗糙度要求较高，通常为 2.5～0.16 μm。有的精密套筒及阀套的内孔尺寸精度要求为 IT5～IT4；有的套筒（如油缸、气缸缸筒）由于与其相配活塞上有密封圈，故对尺寸精度要求较低，一般为 IT9～IT8，但对表面粗糙度要求较高，一般为 2.5～1.6 μm。

2.几何形状精度要求

通常将外圆与内孔的几何形状精度控制在直径公差以内即可，较精密的可控制在孔径公差的 1/2～1/3，甚至更严。对较长的套筒除圆度要求外，通常有孔的圆柱度和跳动要求。

3.同轴度、垂直度等位置精度要求

内、外圆表面之间的同轴度要求根据加工与装配要求而定。如果内孔的终加工是在套筒装入机座（或箱体等）之后进行时，可降低对套筒内、外圆表面的同轴度要求；如果内孔的最终加工是在装配之前完成的，则同轴度要求较高，通常为 0.01～0.06 mm；套筒端面（或凸缘端面）常用来定位或承受载荷，故对端面与外圆和内孔轴心线的垂直度有较高要求，一般为 0.02～0.05 mm。

（三）套筒类零件毛坯与材料

套筒类零件毛坯，要视其结构尺寸与材料而定。孔径较大时，一般选用带孔的铸件、锻件或无缝钢管。孔径较小时，可选用棒料或实心铸件。在大批大量生产时，为节省原材料，提高生产率，也可用冷挤压、粉末冶金工艺制造精度较高的毛坯。

套筒类零件一般选用钢、铸铁、青铜或黄铜、优质合金钢、巴氏合金等材料。滑动轴承宜选用铜料，有些要求较高的滑动轴承，为节省贵重材料而采用双金属镶嵌结构，即用离心铸造法在钢或铸铁套筒的内壁上浇筑一层巴氏合金等材料，用来提高轴承寿命。有些强度和硬度要求较高的（如伺服阀的阀套、镗床主轴套筒）则选用优质合金钢，如 18CrNiWA、38CrMoAlA。

二、套筒类零件加工工艺过程示例

套筒类零件主要加工表面为内孔、外圆表面，其加工的主要问题是如何保证内孔与外圆的同轴度以及端面与内、外圆轴心线的垂直度要求。由于此类零件壁薄，在加工中容易变形，因此要采取适当措施防止由于变形而出现误差。

加工工艺过程示例如下：

对于图 4-20 所示的滑动式导套，重点考虑其形状精度和位置精度的要求，总的工艺过程为：备料—内外表面粗加工—精加工—半精加工—热处理—精加工—光整加工。其具体工艺过程如表 4-5 所示。

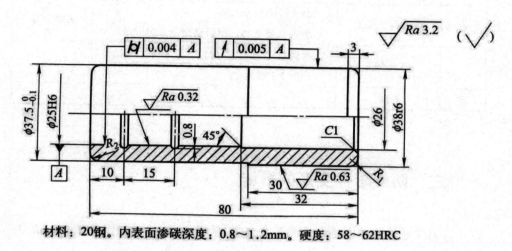

材料：20钢。内表面渗碳深度：0.8～1.2mm。硬度：58～62HRC

图 4-20 滑动式导套零件图

表 4-5 小批量的导套加工工艺过程

序号	工序名称	工序内容	使用设备
1	下料	—	锯床
2	车外圆、钻镗内孔	①车端面，保证长度 82 mm ②钻通孔至 φ23 ③粗车外圆至 φ38.4 并倒角 ④镗孔至 φ24.6 及油槽至 25.6 mm ⑤镗 φ26×32 孔至尺寸	普通车床
3	半精车外圆、倒圆	半精车小外圆 φ37.5 至尺寸 车端面至尺寸 80 mm 倒圆弧 R2	普通车床
4	检验	—	—

序号	工序名称	工序内容	使用设备
5	热处理	保证渗碳层深度 0.8～1.2 mm，硬度 58～62HRC	—
6	磨削内、外圆	磨大外圆至 Φ38r6 磨内孔至 Φ25，留研磨余量 0.01 mm	万能磨床
7	研磨内孔	研磨 Φ25 内孔至尺寸 研磨 R2 圆弧	车床
8	检验	—	—

三、防止零件变形的措施

套筒类零件的结构特点是壁厚度较薄，易变形，在机械加工中常因夹紧力、切削力、内应力和切削热等因素的影响而产生变形。故在加工时应注意以下几点：

（1）为减少切削力和切削热的影响，粗、精加工应分开进行，使粗加工产生的变形在精加工中可以得到纠正。加工中冷却、润滑需充分。

（2）在工艺上采取措施减少夹紧力的影响：改变夹紧的方法，即将径向夹紧改为轴向夹紧，如图 4-21 所示。如果需要径向夹紧，应尽可能使径向夹紧力均匀，如使用过渡套或弹簧套夹紧工件，如图 4-22 所示，或者加工出工艺凸边或工艺螺纹以减少夹紧变形。

（3）热处理工序应安排在粗、精加工阶段之间，以减少热处理的影响。套筒类零件热处理后一般变形较大，精加工时注意纠正。

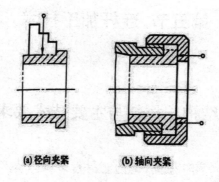

(a) 径向夹紧   (b) 轴向夹紧

图 4-21 薄壁套筒夹紧方式的改变

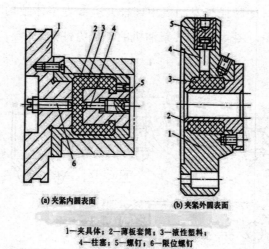

(a) 夹紧内圆表面   (b) 夹紧外圆表面

1—夹具体；2—薄板套筒；3—液性塑料；
4—柱塞；5—螺钉；6—限位螺钉

图 4-22 液性塑料弹性套筒自动定心夹紧机构

第五节 连杆加工技术

一、连杆的结构、材料与主要技术要求

连杆是较细长的变截面非圆形杆件，其杆身截面从大头到小头逐步变小，以适应在工作中承受的急剧变化的动载荷。中等尺寸或大型连杆由连杆体和连杆盖两部分组成，连杆体与连杆盖用螺栓和螺母与曲轴主轴颈装配在一起；而尺寸较小的连杆（如摩托车发动机用连杆）多数为整体结构。图4-23为某柴油机连杆盖零件图，图4-24为某柴油机的连杆零件图。

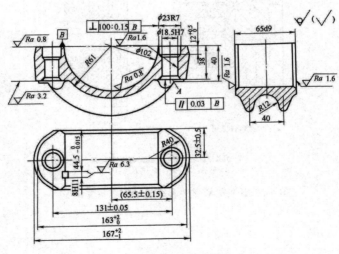

图4-23 连杆盖零件图

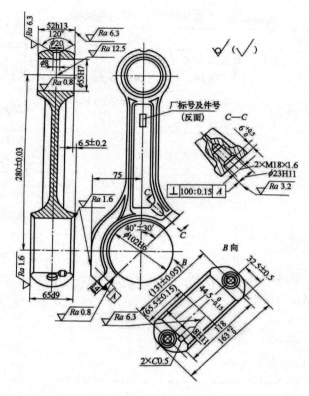

图 4-24 某柴油机的连杆零件图

为了减少磨损和磨损后便于修理，在连杆小头孔中压入青铜衬套，大头孔中装有薄壁巴氏合金轴瓦。

连杆材料一般采用 45 钢或 40Cr、45Mn2 等优质钢或合金钢。如今越来越多地采用球墨铸铁，其毛坯用模锻制造。连杆体和盖可以分开锻造，也可整体锻造，如何选择取决于毛坯尺寸及锻造毛坯的设备能力。

柴油机的连杆主要技术要求如表 4-6 所示。

表 4-6 连杆零件的主要技术要求

技术要求	数值	目的
大、小头孔精度	尺寸公差等级 IT7～IT6 圆度、圆柱度公差 0.004～0.006 mm	保证与轴瓦的良好配合
大、小头孔表面粗糙度	大小孔:0.4～0.8μm；结合面:0.8μm； 大小孔端面:1.6～5.3μm	保证配合精度、耐磨性
两孔中心距	±（0.03～0.05）mm	影响气缸的压缩比及动力特性
两孔轴线在互相垂直方向上的平行度	连杆轴线平面内的平行度:（0.02～0.04):100 垂直于连杆轴线平面内的平行度:（0.04～0.06):100	使气缸壁磨损均匀,曲轴颈边缘减少磨损
大头孔两端面对其轴线的垂直度	（0.1:100）	减少曲轴颈边缘的磨损
两螺孔（定位孔）的位置精度	在两个垂直方向上的平行度为（0.02～0.04):100 对结合面的垂直度为（0.1～0.2):100	保证正常承载能力和大头孔与曲轴颈的良好配合
连杆组内各连杆的质量差	±2%	减少惯性力,保证运转平稳

二、连杆的机械加工过程

连杆的尺寸精度、形状精度和位置精度的要求都较高,总体来讲,连杆是杆状零件,刚性较差,加工中受力易产生变形。

批量生产连杆加工工艺过程如表 4-7 所示,合件加工工艺过程见表 4-8。

表 4-7 连杆及连杆盖加工工艺过程

连杆体			连杆盖			机床设备
序号	工序内容	定位基准	序号	工序内容	定位基准	
1	模锻	—	1	模锻	—	
2	调质	—	2	调质	—	
3	磁性探伤	—	3	磁性探伤	—	—
4	粗、精铣两平面	大、小头端面	4	粗、精铣两平面	端接合面	立式三工位双头回转台铣床
5	磨两平面	端面	5	磨两平面	端面	平面磨床
6	钻、扩、铰小头孔及倒角	大、小头端面，小头工艺凸台外廓	—	—	—	多工位专用机床
7	粗、精铣工艺凸台及结合面	大头端面，大、小头孔（一面双销）	6	粗、精铣结合面	端肩胛面	双头回转铣床
8	连杆体两件粗镗大头孔，倒角	大、小头端面，小头孔，工艺凸台	7	连杆盖两件粗镗孔，倒角	肩胛面螺钉孔外侧	多工位专用机床
9	磨结合面	大、小头端面，小头孔，工艺凸台	8	磨削结合面	肩胛面	平面磨床
10	钻、铰定位孔	小头孔及端面工艺凸台	9	钻、铰定位孔	端面，大头孔壁	卧式多工位专用机床
11	与连杆盖配钻、攻螺纹	定位孔结合面	10	配钻、扩沉头孔	定位孔结合面	—
12	清洗	—	11	清洗	—	—

表 4-8 连杆合件加工工艺过程

序号	工作内容	定位基准	设备
1	杆与盖对号，清洗，装配	定位销	—
2	磨大头孔两端面	大、小头端面	平面磨床
3	半精镗大头孔及孔口倒角	大、小头端面，小头孔工艺凸台	—
4	精镗大、小头孔	大头端面，小头孔工艺凸台	金刚镗床
5	钻小油孔及孔外口倒角	大、小头端面；大、小头孔	台式钻床
6	珩磨大头孔	自为基准	卧式珩磨机
7	小头孔内压活塞销衬套	大、小头端面及小头孔（假销定位）	油压机
8	铣小头两端面	小、大头端面	普通铣床
9	精镗小头衬套	大、小头孔（假销定位）	金刚镗床
10	拆分连杆盖	—	—
11	铣轴瓦定位槽	—	—
12	对号，装配	—	—
13	退磁	—	—
14	检验	—	—

连杆的主要加工表面为大、小头孔，两端面，连杆盖与连杆体的接合面和螺栓孔等。次要加工工序为油孔、锁口槽、工艺凸台、称重去重、检验、清洗和去毛刺等。

三、连杆加工过程分析

（一）工艺过程的安排

连杆的加工顺序大致如下：粗铣精磨上下端面—钻、扩、铰小头孔—粗精铣工艺凸台及结合面—两件连杆半圆孔和拼镗大头孔—磨结合面—钻铰定位孔—配钻、攻螺栓孔—合件联结—磨削合件两端面—半精镗大头孔—精镗大、小头孔—钻小油孔，倒角—珩磨大头孔—压装小头孔衬套—铣小头孔端面—精镗小头孔衬套—拆分合件并配对编号—铣轴瓦定位槽一对号装配—退磁、清洗—检验。

连杆小头孔压入衬套后常以金刚镗孔作为最后加工。大头孔常以珩磨或冷挤压作为底孔的最后加工。

整个过程体现出"先粗后精""先面后孔""先基准面后其他面""先主要面后次要面"的工艺顺序。

（二）定位基准的选择

连杆加工中可供做定位基面的表面有：大头孔、小头孔、大小头孔两侧面等。这些表面在加工过程中不断地转换基准，由粗到精逐步形成。例如表 4-7 中，工序 4 中粗、精铣平面的基准是毛坯底平面，采用固定及活动 V 形块各一个对小头外廓和大头一侧定位并夹紧；工序 4 中反转工件，粗、精铣另一面，以已铣削端面为精基准；大头两侧面在大量生产时以两侧自定心定位，中小批生产中为简化夹具可取一侧定位；镗大孔时的定位基准为一平面、小头孔和大头孔一侧面；而镗小头孔时可选一平面、大头孔和小头孔外圆等。

表 4-8 中，小头孔压装衬套和精镗衬套内孔时都采用了假销定位，以保证加工余量均匀。假销定位是指定位销与孔定位并在夹紧工件后拆除定位销，不妨碍加工。

连杆加工的粗基准选择，要保证其对称性和孔的壁厚均匀。如图 4-25 所示，钻小头孔钻模是以小头外廓定位，来保证孔与外圆的同轴度，使壁厚均匀。

（三）确定合理的夹紧方法

连杆相对刚性较差，要十分注意夹紧力的大小、方向及着力点的选择。图

4-26 所示的不正确夹紧方法，使得连杆弯曲变形。

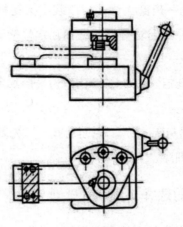

图 4-25 钻小头孔钻模

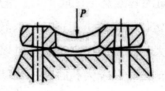

图 4-26 连杆的夹紧变形

（四）连杆两端面加工

如果毛坯精度高，可以不经粗铣而直接粗磨。精磨工序应安排在精加工大、小头孔之前，以保证孔与端面的相互垂直度要求。

（五）连杆大、小头孔的加工

大、小头孔加工既要保证达到孔本身的精度、表面粗糙度要求，还要保证达到相互位置和孔与端面垂直度要求。小头孔底径由钻、扩、铰孔及倒角等工序完成。镶嵌青铜衬套，再以衬套内孔定位，在金刚镗床上精镗内孔。大头孔的半精镗、精镗、珩磨工序都在合装后进行。

四、连杆加工的检验

连杆加工工序多，中间又插入热处理工序，因而需经多次中间检验。最终检查项目和其他零件一样，包括尺寸精度、形状精度和位置精度以及表面粗糙度检验，只不过连杆的某些要求较高。

由于装配的要求，大、小头孔要按尺寸分组，连杆的位置精度要在检具上进行。如大、小头孔轴心线在两个相互垂直方向上的平行度，可采用图 4-27 所示方法进行检验。在大、小头孔中穿入心轴，大头的心轴放在等高垫铁上，使大头心轴与平板平行。将连杆置于直立位置时，如图 4-27（a）所示，在小头心轴上相距为 100 mm 处测量高度的读数差，即为大、小头孔在平行于连杆轴心线方向的平行度误差值。工件置于水平位置时，如图 4-27（a）所示，以同样方法测得出来的读数差，即为大、小头孔在垂直于连杆轴心线方向的平行度误差值。连杆还要进行探伤，以检查其内在质量。

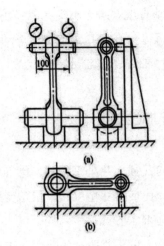

图 4-27 连杆大、小头孔在两个互相垂直方向上的平行度检验

参 考 文 献

[1]郭大伟. 现代机械制造工艺和精密加工技术研究[J]. 中国设备工程，2024（13）：100-102.

[2]韩利新. 数控加工技术在机械制造中的应用研究[J]. 造纸装备及材料，2024，53（5）：71-73.

[3]陶然. 汽车机械制造工艺及精密加工技术的研究[J]. 内燃机与配件，2024（8）：106-108.

[4]李款. 现代机械加工技术在农业机械制造中的应用[J]. 农机使用与维修，2024（4）：86-88.

[5]李佳莘. 精密加工技术在机械制造中的应用[J]. 集成电路应用，2024，41（4）：222-223.

[6]施佐纲. 现代机械制造及精密加工技术研究 [J]. 机电产品开发与创新，2024，37（2）：227-229.

[7]孔虎臣. 绿色加工技术在农业机械制造中的应用[J]. 农机使用与维修，2024（3）：103-105.

[8]肖自斌. 现代化机械设计制造工艺及精密加工技术研究[J]. 现代制造技术与装备，2023，59（12）：137-139.

[9]刘杨. 现代机械制造工艺及精密加工技术研究[J]. 防爆电机，2023，58（6）：43-45.

[10]黎永镇.现代化机械制造工艺及精密加工技术深入研究分析[J]. 模具制造，2023，23（11）：142-144.

[11]孟坤鹏，胡天帅. 现代机械制造工艺及精密加工技术解析[J]. 时代汽

车，2023（19）：133-135.

[12]刘鹏，李峰西. 激光加工技术在农业机械制造中的发展和应用研究[J]. 数字农业与智能农机，2023（9）：33-35.

[13]杨润成. 探究机械制造工艺与精密加工技术[J]. 模具制造，2023，23（9）：61-64.

[14]陈亚云. 研究现代机械制造工艺及精密加工技术[J]. 科技资讯，2023，21（17）：98-101.

[15]刘鹏，马立强，李峰西. 激光加工技术在工程机械制造中的应用[J]. 锻压装备与制造技术，2023，58（4）：61-64.

[16]钱峻. 现代化机械设计制造工艺及精密加工技术研究[J]. 机械工业标准化与质量，2023（8）：43-45.

[17]何飞翔. 新时期背景下机械制造工艺分析及其精密加工技术的应用研究[J]. 科技资讯，2023，21（11）：87-90.

[18]李嘉伟. 精密加工技术与机械制造工艺研究[J]. 南方农机，2023，54（10）：161-163.

[19]徐强. 农业机械设计制造工艺及精密加工技术分析[J]. 南方农机，2023，54（10）：53-55.

[20]李王铎. 基于区块链的机械加工资源服务交易关键技术研究[D]. 太原：太原科技大学，2022.

[21]徐咸斌. 现代机械制造工艺及加工技术研究[J]. 设备管理与维修，2018（2）：50-51.